칠보산 식물 생태

북한 5대 명산 중 하나인 함북금강이라 불리는
칠보산 식물 생태

인쇄 | 2017년 5월 10일
발행 | 2017년 5월 20일

지은이 | 차종환
대　표 | 장삼기
펴낸이 | 신지현
펴낸곳 | 도서출판 사사연

등록번호 | 제10 - 1912호
등록일 | 2000년 2월 8일
주소 | 서울시 강서구 강서로 15길 139, A동 601호
전화 | 02-393-2510, 010-4413-0870
팩스 | 02-393-2511

인쇄 | 성실인쇄
제본 | 동신제책사
홈페이지 | www.ssyeun.co.kr
이메일 | sasayon@naver.com

임시특가　20,000원
ISBN 979-11-956510-7-8

북한 5대 명산 중 하나인 함북금강이라 불리는

차종환 박사 지음

도서
출판 **사사연**

차례

머리말 … 8

제1장   **칠보산의 개요와 위치**

1. 칠보산의 개요 … 14
2. 칠보산의 봉우리와 높이 … 18
3. 내칠보, 외칠보 및 해칠보 … 20
    (1) 내칠보 … 21   (2) 외칠보 … 31
    (3) 해칠보 … 40
4. 칠보산의 위치 … 52
5. 칠보산 가는길 … 53

제2장   **지형 및 토양과 기상조건**

1. 지형 및 토양 … 62
2. 기상조건 … 64

제3장   **자연과 자연보호구**

1. 자연 … 68
2. 자연보호구 … 69

제4장   **칠보산의 산림**

1. 칠보산의 주요 산림식물 자원 … 76
2. 주요 식물 자원 … 77
3. 주요 동물 자원 … 79

제5장   **특산식물**

1. 독뿌리풀 … 88
2. 노랑돌쩌귀풀 … 88

3. 신의대 … 90

4. 할미질빵 … 92

5. 종덩굴 … 93

제6장 희귀한 식물

1. 가침박달 … 96

2. 흰말채나무 … 97

3. 송이버섯 … 98

4. 알록제비꽃 … 99

5. 제비분꽃 … 100

6. 자주단너삼 … 101

7. 왕팽나무 … 101

제7장 식물상

1. 칠보산의 일반 식물상 … 104

2. 내칠보의 식물상 … 109

3. 외칠보의 식물상 … 113

4. 해칠보의 식물상 … 116

5. 칠보산 지역 식물상의 종구성 특성 … 118

제8장 주요 경제 식물

1. 목재 및 섬유 식물 … 130

(1) 소나무 … 130

(2) 잎갈나무 … 132

(3) 사시나무 … 134

(4) 오리나무 … 136

(5) 자작나무 … 137

(6) 엄나무 … 138

2. 식용식물 … 139

(1) 고사리 … 139

(2) 참나물 … 140

(3) 도라지 … 141

(4) 더덕 … 143

(5) 두릅나무 … 144

(6) 참취 … 145

3. 기름나무 … 146
   (1) 가리마목 … 147
   (2) 잣나무 … 148
   (3) 개암나무 … 149
   (4) 생강나무 … 150
   (5) 분지나무 … 151
4. 산과일 식물 … 152
   (1) 머루 … 152
   (2) 다래나무 … 153
   (3) 마저지나무 … 154
   (4) 산딸기나무 … 154
   (5) 산앵두나무 … 155
   (6) 산살구나무 … 155
5. 약용식물 … 156
   (1) 가시오갈피나무 … 157
   (2) 소태나무 … 159
   (3) 복풀 … 160
   (4) 승마 …… 161
   (5) 단너삼 … 162
   (6) 오미자나무 … 163
6. 밀원식물과 항료식물 … 165
   (1) 찰피나무 … 165
   (2) 아카시아나무 … 166
   (3) 좀풀싸리 … 167
   (4) 해당화 … 167
   (5) 백리향 … 168
   (6) 들깨풀 … 169
7. 탄닌식물과 염료식물 … 170
   (1) 매발톱나무 … 170
   (2) 갈매나무 … 171
   (3) 신나무 … 171
   (4) 참나무 … 172
   (5) 붉나무 … 173
   (6) 오이풀 … 174

제9장   칠보산 및 인근의 천연기념물

1. 개심사 약밤나무 … 176
2. 포중 소나무 … 176
3. 명천 오동 나무 … 177
4. 고진 소나무 … 177
5. 해칠보 백리향 군락 … 178
6. 운만대 신의대 군락 … 179
7. 명천 곱향나무 군락 … 180
8. 단천 향나무 … 181
9. 보촌 조개 살이터 … 181

제10장   칠보산의 명물

1. 바위
   (1) 미인바위 … 184   (2) 농부바위 … 184
   (3) 예문암과 가마바위 … 185   (4) 금강골의 저두암 … 187
   (5) 장수바위 … 187   (6) 황소바위 … 187
   (7) 처녀바위와 총각바위 … 188 (8) 부월암과 촉혈암 … 189
   (9) 독수리바위 … 191   (10) 용상바위와 사자바위 … 191
   (11) 선돌과 누운돌 … 192   (12) 최석금바위 … 193
   (13) 봉소진의 기둥바위 … 193 (14) 고진 … 194
2. 굴
   (1) 용산굴과 제자굴 … 195   (2) 강선굴과 대장굴 … 196
   (3) 오적굴 … 197   (4) 선바위와 얼음굴 … 199
   (5) 솔섬과 용굴 … 201
3. 봉우리
   (1) 조롱봉 … 202   (2) 문암령 … 203
   (3) 상매봉 … 203   (4) 새길령 … 205
   (5) 왕룡칠봉 … 205
4. 폭포와 담
   (1) 만탑골 … 206   (2) 칠선폭포와 노선담 … 207
   (3) 삼형제폭포와 원심담 … 208 (4) 금강폭포와 구룡담 … 209
5. 칠보산의 기타명물
   (1) 개심사 …… 210   (2) 달문 … 212
   (3) 은선골과 십경전 … 215   (4) 지방리 산성 … 215

제11장   칠보산의 식물 목록 … 217

부록   나선시, 청진시 그리고 칠보산 … 259

머리말

북한 5대 명산 중 하나인 함북금강이라 불리는 칠보산은 강원도 금강산과는 산 전체의 검푸른 철색의 색감, 암석의 절리節理, 최적의 층리層理 등의 아름다움이 상이하다. 칠보산에는 선조들의 재능과 지혜를 자랑하는 오랜 역사 유적과 유물이 많이 있다. 또한 이 근처에 나진 선봉의 자유무역지대가 있어 외국 관광객을 위한 국제관광 명소로 잘 가꾸어 놓았다.

칠보산에는 산악미, 계곡미, 폭포, 담소, 호수, 바다가 절경일 뿐 아니라 이 강산의 모든 아름다움을 한품에 지닌 산봉우리의 천태만상의 기암괴석들, 봉우리마다 바위마다 굴마다 이름과 전설이 전해지고 있는 명물이 많다.

칠보산의 회상대에서 바라보는 절경은 가히 가관이다. 금강산이 중후한 수묵산수水墨山水 같은 경치로 다듬어진 수려한 자연이라면 칠보산은 귀척신각과도 같은 제멋대로의 산봉우리들이 마치 피카소의 섬광과도 같은 날카로움도 지니고 있다. 자연의 순리를 무시한 채 형성된 산이기에 반역이라는 괴기의 산이다.

녹음 우거진 골짜기마다에 나타나는 아름다운 폭포 담소들은 철 따라 날씨 따라 변화무쌍한 자태를 자랑한다. 동해의 푸른 물결을 바라보는 칠보산의 기슭에 봄 안개가 자욱이 끼면 산은 더욱 위엄을 부리고 가까이하지 못할 외경의 산으로 되고 마는 것이 칠보산의 멋이다.

솔밭과 비자나무 우거진 수림에는 활엽수가 있고 그 밑에는 진달래와 초본들이 조화를 이루고 새들과 같이 노래한다. 칠보산은 알피니즘의 대상 산은 아니다. 1,000m 이하의 봉우리들이 주봉을 이루고 있는가 하면 주변에 1,000m 이상의 고산도 있다.

칠보산은 지리적 특성으로 내칠보, 외칠보, 해칠보로 나눈다. 여성적인 아름다움을 지닌 내칠보는 개심사, 상매봉, 내원암, 이선암 등 네 구역이 대표적인 중심지이다.

외칠보는 내칠보와 달리 웅장한 나무숲과 담소와 폭포, 만물상, 처녀암 등 이름난 명물들이 줄을 서 있다. 웅장한 봉우리, 기묘한 기암절벽, 그리고 수정같이 맑은 물이 있어 산악미와 계곡미를 자랑한다.

해칠보는 깎아지른 해안선의 단애절벽, 기암초석, 주암초석이 있는가 하면 바위마다 이름이 있고, 망망바다 기슭에 성벽처럼 막아서 있는 아찔한 절벽이 있다. 물결치며 날아드는 흰 갈매기, 향기 그윽한 해당화와 백사장이 동해의 명물로 나타난다.

　칠보산에는 수림이 우거진 다종다양한 나무들이 자연 조각미와 웅장 수려한 모습 속에서 자라는 800여 종 이상의 식물들이 자연을 노래하고 있다. 희귀식물도 보인다. 산 높이에 따른 식물 분포도 재미있는 현상을 나타낸다. 또한 내칠보, 외칠보, 해칠보의 상이한 식물상은 식물 생태학계의 큰 관심사가 안 될 수 없다. 이곳에는 목재 및 섬유식물, 식용식물, 기름나무, 산과일식물, 약용식물, 밀원식물, 향료식물, 탄닌식물, 염료식물 등이 많다. 칠보산과 주변에는 약밤나무, 포중소나무, 고진소나무, 백리향 군락, 신의대 군락, 곱향나무 군락 같은 식물 생태조사 사항이 되는 천연기념물이 있다. 남방한계선 및 북방한계선 식물도 보인다. 이외에 포유류, 조류, 양서류, 어류, 곤충 등 동물상도 다양하다.

　칠보산은 휴전선으로 인해 마음대로 갈 수 있는 곳이 아니다. 또한 평양에서도 칠보산까지는 교통이 불편하고 시간이 많이 걸려 헬리콥터를 이용해야 한다. 경비가 만만치 않다. 그래서 칠보산 생태조사를 위해 7번 방북했으나 시간 관계상 목적을 달성하지 못하고 8번째 시도에서 뜻을 이루었다. 7전8기다. 칠보산의 아름다움은 글과 말로 표현할 길이 없다.

본서는 필자가 집필한 북한 5대 명산인 백두산, 금강산, 묘향산, 구월산 식물생태에 이어 마지막 편인 칠보산 식물 생태다. 본서에서 다룬 내용은 칠보산의 지형, 기상조건, 내칠보 · 외칠보 · 해칠보 등의 우점 식물 분포상태를 살피고, 중요경제 식물과 식물생태학적 의의가 있는 천연기념물을 비롯하여 칠보산의 명물을 다루고, 끝으로 칠보산의 식물 목록을 입수하여 수록했다. 일부 사진을 제공하여 주신 이전구 회장과 북조선 관광부에 감사드린다. 또한 칠보산 답사를 주선하여 준 구용욱 본부장의 도움을 많이 받았다.

어려운 출판 여건 속에서도 필자와 뜻이 상통한 면이 있어 이 책을 출판하여 주신 도서출판 사사연 장삼기 사장님께 뜨거운 사랑과 감사를 드립니다.

LA에서 차종환

제1장

칠보산의
개요와 위치

1. 칠보산의 개요
2. 칠보산의 봉우리와 높이
3. 내칠보, 외칠보 및 해칠보
4. 칠보산의 위치
5. 칠보산 가는 길

1. 칠보산의 개요

'함북금강'으로 불리는 칠보산(천불봉 659m)은 함경북도에 있으며 면적은 250㎢로 확대했다. 산 이름을 칠보산으로 부르게 된 것은 여러 가지 유래가 있는데 그중 하나가 불경에 나오는 세상에 귀중한 금, 은, 진주, 산호, 호박, 하거, 마노 등 7가지 보물이 묻혀 있기 때문이라 한다.

그러나 칠보산은 주로 분출암으로 이루어졌고 오늘까지 금, 은을 캐낸 사람은 없으며 지리적 위치로 보아 열대 아열대 바다에 있는 산호초, 진주조개도 해칠보에 없다. 또한 유래는 아득한 옛날에 지금의 칠보산과 같이 생긴 산이 동해 바다에 7개 있었는데 기나긴 세월에 6개는 동해에 잠겨 버리고 지금은 칠보산만 남아 있다는 것이다. 이 사실은 인정할 만한 근거도 없다

우리 선조들도 옷섶에 다는 호박단추며 갓끈에 다는 구슬 등을 보배라고 불러 왔으며 구슬을 단 명절 옷차림을 한 어린이를 보고 '칠보단장'했다고 해 왔다. 그리하여 칠보라는 말은 세상에서 가장 아름답고 귀중하고 희귀하고 진귀한 것을 가리키는 말이 되었다. 하기에 산악, 계곡, 폭포, 호수, 바닷가, 절경 등 모든 아름다움을 한품에 지닌 이 산의 이름을 칠보산이라 불렀다. 칠보산은 내칠보, 외칠보, 해칠보로 구성되어 있다.

칠보산은 지금으로부터 약 100만 년 전 우리나라 조종의 산인 백두산으로부터 울릉도에 이르는 백두화산 줄기에서 분출한 용암이 식으면서 굳어진 명산으로 6대 명산 중 하나이다. 그러므로 칠보산은 다른 명산들에서는 찾아볼 수 없는 색다른 산악미, 계곡미, 바닷가 경치를 나타내고

있는 명승지로 유명한 산이다.

칠보산의 봉우리들, 천태만상의 기암괴석들 및 수림우거진 다종다양한 나무들로 자연조각미와 웅장수려한 모습을 나타내고 있으며 바닷가 경치 역시 귀암초석으로 이루어진 바위절벽과 기묘한 바위, 섬들로써 자연절경을 펼쳐 보이고 있다. 그리고 녹음 우거진 깊은 골짜기마다에 펼쳐진 아름다운 폭포, 담소들로 특이한 경관을 이루고 있는 칠보산의 수많은 계곡들은 철 따라, 날씨 따라 변화무쌍한 자태를 나타내고 있다.

철 따라 아름답게 단장하는 칠보산의 자연경치를 두고 봄이면 백화만발한 '꽃동산', 여름에는 녹음이 우거진 '녹음산', 가을이면 단풍 붉게 피는 '홍화산', 겨울에는 흰 눈으로 은빛 단장한 '석백산'이라고 불러 왔다.

칠보산에는 800여 종의 식물이 자라고 있는데 송이버섯을 비롯한 수많은 산나물과 산삼, 만삼, 만병초, 백산차, 고리산죽, 삼지구엽초, 오미자 등 70여 종의 약용식물이 자라고 있다. 칠보산에는 또한 30여 종의 짐승류를 비롯하여 각종 조류, 파충류, 양서류, 곤충류들이 자라고 있으며 강하천에는 여러 가지 물고기들이 살고 있다.

칠보산지구에는 우리 선조들의 슬기로운 재능과 지혜, 민족건축의 독특한 형식이 깃들어 있는 읍성과 산성, 건축물과 무덤, 비, 부도 등 오랜 역사유적과 유물이 전해지고 있는데 재덕산성, 개심사, 창열사비 등을 비롯하여 많은 유적유물이 보존되어 있다. 오랜 역사와 문화를 가지고 있는 칠보산지구에는 일찍부터 산수풍경을 즐기는 유람객들과 이름난 시인들이 직접 가 보고 느낀 감정을 글로써 표현한 기행문, 문인들과 그곳 국민들의 생활과 염원을 담은 특색 있는 노래와 춤이 창조되어 전해지고 있다.

우리 국민은 먼 옛날부터 칠보산을 개척하고 그 일대에서 경제와 문화를 발전시켜 왔으며 외적의 침입을 막고 칠보산의 아름다운 자연풍경을 보호하기 위한 반침략투쟁에 한 사람같이 일어섰던 것만큼 칠보산지구에는 수많은 전설들과 역사 이야기들이 만들어져 알려지고 있다.

오늘날 칠보산은 휴양소, 정양소들이 건축되어 근로자들의 훌륭한 문화 휴양지가 되고 있을 뿐 아니라 황금의 보물 – 삼각주(나진선봉자유무역지대)의 개방과 관련하여 우리나라에 찾아오게 될 수많은 외국관광객들을 위한 국제관광지의 하나로 건설되어지고 있다. 칠보산의 수많은 봉우리와 기묘한 바위, 폭포와 담소, 특이한 계곡과 섬 등의 명소들과 역사유적들에 깃든 전설들과 역사 이야기들은 이곳을 찾는 관광객들에게 칠보산의 아름다운 풍치를 더욱 인상 깊게 느낄 수 있게 해 주고 국민의 슬기와 재능, 고상한 민족적 감정을 더 잘 알 수 있게 할 것이다.

북한의 산 중 괴짜산은 칠보산이라고 했다. 사진으로 보아도 보통 산 모습이 아닌 괴기한 산세는 반역이란 말을 들어도 무리는 아니다. 다른 산들은 은은한 능선을 갖고 있고 정수리가 암봉일지라도 그 나름대로의 모양새와 질서가 있는데 칠보산은 어찌 된 셈인지 제멋대로 이리 솟고 저리 솟아 반역의 괴기라는 말도 나올 법하다.

과거 천출봉으로 불리던 칠보산 주봉인 오봉의 높이는 그다지 높지는 않으나 예로부터 관북8경의 하나로 손꼽았다. 이 산은 함경북도의 금강산이라고도 하였으나 강원도의 금강산과는 모습이나 암석이 전혀 다르다. 산 전체에서 느껴지는 색감도 검푸른 철색을 하고 있고, 암석의 절리도 가로나 세로로 나 있는가 하면 퇴적의 층리도 노출되어 있어 괴기한 분위기를 느끼게 한다는 것이다.

칠보산 회상대에서 바라보는 칠보산의 절경을 중후한 수묵산수 같은 경치라고 말했다. 금강산이 다듬어진 아름다운 자연이라면, 칠보산은 아름답지 않게 귀척신각과도 같은 제멋대로의 산봉우리들이 마치 천재의 섬광과도 같은 날카로움도 있다고 했다.

동해의 푸른 물결을 바라보는 칠보산 기슭에 봄 안개가 자욱이 끼면 산은 더욱 위엄을 부리고 가까이하지 못할 외경의 산으로 되는 것도 칠보산만의 멋이라고 한다. 소나무 숲과 비자나무가 우거진 수림에는 활엽수가 사이사이에 끼어 푸르고, 봄의 신록은 진달래 동산과 어울려서 청춘가를 노래하며, 가을에는 단풍으로 붉게 물든 추경의 산천이 관북의 명산임을 구가한다.

고참역에서 바라보는 송봉(747m)과 북한 스키의 본류인 재덕산(833m)의 광활한 산봉이 칠보산과 마주하며 명천의 자연이 칠보산과 더불어 더욱 신기하게 보이는 것이다.

칠보산은 결코 알피니즘의 대상 산은 아니다. 무수히 새겨진 음각의 탐승객 이름들에는 선인先人들의 탐승 등산의 역사가 있고, 도전 아닌 정관의 객관적 심미안이 민족 내면의 예술로도 승화했다. 죽장망혜竹杖芒鞋 단표자單瓢子로 관북 길을 떠나면 첫째 찾는 산이 칠보산이었고, 명천 고을 옛 이름 명원의 두메산골이 소박한 속에 풍요로움이 있었다. 그 유명한 옛 이름 함경선의 고참에서 내포로 갈 때 피자령굴을 지나 지상에서 21m 높이에 걸린 산중 철교를 지나면 명천땅에 이른다. 길주 고을 육진의 관방 옛터는 오늘날 황량한 북녘의 땅 일곱 가지 보물이 있다는 칠보산! 칠보같이 색채가 영롱하다는 칠보산!

조선 중기에 함경도로 귀양 왔던 이항李恒(1499~1576)에 의하여 세상에 널리 알려지게 된 칠보산은 그 후 1542년 길주 부사로 와 있던 금호錦湖 임형수林亨秀(1514~1547)의 「유산기遊山記」에서 "천백 년 비장되었던 이 명산이 한번 전국에 알려지는 날이면 자연 풍경을 즐기는 세상 사람들이 지리산을 심상히 여길 것이고 금강산에 싫증이 나서 이곳 칠보산을 찾아오게 될 것이다."라고 하였다.

1776년에 이 산을 찾아온 시인 박종은 "맑고 기절한 점에서는 금강산을 일러야 하고, 높고 기절한 점에서는 설악산을 말해야 하며, 서리고 겹친 산세로서는 묘향산을 꼽아야 하지만 깊숙한 가운데 기괴한 맛을 갖춘 것으로서는 칠보산이 으뜸이다."라고 읊었다.

2. 칠보산의 봉우리와 높이

칠보산의 중부에 높이 솟아 있는 상매봉(1,103m)은 칠보산의 주봉의 하나로서 북쪽의 박달령(761m), 천덕봉(985m), 삼각봉(1,030m), 남쪽의 하매봉(1,045m), 까치봉(900m), 향로봉(844m) 등과 잇닿아 칠보산의 중심 연봉을 이루고 있다. 이 산줄기는 삼각봉으로부터 북으로 마단덕(832m), 장쾌산

(763m), 강릉산(707m)을 거쳐 어랑단까지 뻗어 있고 남으로는 까치봉으로 부터 시루봉(738m), 마유산(534m)을 거쳐 무수단까지 뻗어 있다. 이 산줄기들은 지형상 마치 부채를 펼친 모양으로 되어 있는데 그 사이에 있는 대부분의 험준한 산발들과 깊이 팬 협곡, 하천들은 모두 동해로 흘러내리다가 해안가에 이르고 수십 길 바다절벽과 크고 작은 섬바위들을 이루고 있다.

그리고 칠보산 중심 연봉의 서쪽에 위치한 재덕산(829m) 줄기는 피자령과 연결되어 함경산줄기와 잇닿아 있다. 이곳을 분기점으로 하여 화성천과 화대천이 각각 북남방향으로 흐르고 있다. 상매봉, 박달령, 천덕산, 하매봉 등 칠보산 중심 연봉의 동쪽기슭에는 동해로 흘러가는 보촌천, 포하천, 하평천 등이 있으며 그 연안에는 칠보산의 이름난 고적, 명승들이 적지 않다.

칠보산의 최고봉은 천불봉이고, 천불봉의 다섯 봉우리가 나란히 어깨를 겨루고 서 있다. 북한이 칠보산 지역을 확장하면서 상매봉, 옥태봉(744m), 제일명산(643m)까지 합쳐서 포함시켰다. 그러나 칠보산의 최고봉을 오봉으로 부른다. 그 높이가 663m인데, 새로 지정한 전 구역에는 이보다 높은 봉이 있는데도 내칠보 최고봉을 그대로 주봉으로 삼는다.

1910년 조선총독부 임시토지조사국이 발표한 산악고도표에는 명천군 칠보산 둘레에 상배봉, 천불봉, 옥태봉, 제일명산, 하매봉(1,047m)만이 기록되어 있다. 칠보산 주봉에 대한 설명이 애매하다. 북한에서 발행된 지도를 참고하면 칠보산은 663m로 표기되어 있고, 하매봉은 1,047m로 표기되어 있다. 또한 중국에서 발행된 북한지역 지도에는 공교롭게도 659m로 되어 있다. 최근 발행된 동아일보사 발행『북한대백과』산악편엔 중국지도와 같이 659m로 되어 있다. 우리나라에서 나오는 지지지리서와 지리부도에는 어느 봉 높이인지 모르는 906m로 표시되어 있으니 종잡을 수가 없다.

그뿐 아니다. 산봉이나 명승의 이름에도 갖가지가 나오는데, 앞서 쓴 여러 암봉 이름 이외에도 천불, 만사자, 우산, 교의, 탁자 등 마치 만물상이나 잡화상을 방불케 하고 있다. 일본서 발행되는 북한의 화보인 조선화보에서 칠보산을 찾았으나 여기에는 주봉이 오봉이고 높이에 대해서는 언급이 없으며, 면적이 일제 때의 10㎢에서 250㎢로 확대 지정됐다는 것만 알 수 있었다. 그리고 또 한 자료에는 옥태봉을 칠보산의 최고봉으로 기록한 것까지 있었다.

3. 내칠보, 외칠보 및 해칠보

칠보산을 찾으려면 함경북도 명천군 황곡리를 거쳐 박달령을 넘어야 하는데 이 고개에 오르면 내칠보, 외칠보, 해칠보 등 칠보산의 절경이 한눈에 안겨 온다. 박달령에서 제일 가깝게 보이는 조금 뾰족한 산봉우리들은 내칠보라고 부르고, 그보다 좀 멀리 날카로운 기암절벽들이 서 있는 곳을 외칠보라고 하며, 외칠보가 끝나는 데서 바다 쪽으로 뻗어 나간 해안지대의 경치를 해칠보라고 한다.

(1) 내칠보

여성적인 미를 지닌 내칠보는 그의 지역적 특성과 탐승상 편리에 따라 만사봉구역, 제일명산구역, 상매봉구역 등 3개 탐승구역으로 나눈다. 만사봉구역에는 환희재, 개심대, 오봉산, 용신굴과 제자굴, 수도암굴 등의 명소들이 있다. 내칠보의 탐승은 환희재로부터 시작된다.

박달령을 넘어 양옆에 나무들이 우거지고 맑은 물이 흘러내리는 청계동 골짜기를 따라 오르면 평지에 화려하고 아담한 칠보산 휴양소가 있다. 이곳 휴양소에서는 5월 초부터 10월 말까지 전국의 곳곳에서 오는 수많은 휴양생들이 즐거운 휴양생활을 보내고 있다고 한다.

휴양소에서 동남쪽으로 층층대를 굽어올라 앞고개에 이르면 나무들 사이로 내칠보의 뾰족한 봉우리들과 흰 바위틈에 뿌리박고 서 있는 소나무의 조화된 풍경이 손에 잡힐 듯 바라보인다. 이곳의 경치가 어찌나 뛰어나고 황홀한지 보는 사람마다 스스로 환성을 올리게 된다는 '환희재'이다.

환희재를 지나면 저 멀리로 외칠보와 내칠보의 오봉산, 금강봉, 만월대, 무희대, 피아노봉, 오래봉, 기와집바위 등이 한눈에 안겨 온다. 보면 볼수록 좋은 경치다. 미국의 작은 그랜드 캐니언을 연상케 한다. 바위 위로 흘러내리는 물소리에 가슴도 시원한 골짜기를 따라 내려가면 옛 절간인 개심사가 있다.

기묘한 봉우리들이 병풍처럼 둘러선 개심사의 서북쪽에 있는 능마루에 오르면 펑퍼짐한 바위등성이가 있는데 바로 이것이 전망의 명소로 이름난 '개심대'이다. 제일명산에서 뻗어 내린 산줄기가 승선대에서 갈라져 한 줄기는 북서방향으로 뻗어 오봉산을 이루고 다른 한 줄기는 개심대를 이루었다.

개심대에 오르면 이 세상의 아름다운 산경치를 한자리에 모아 놓은 것 같은 내칠보의 오봉산이 눈앞에 거연히 솟아 있고 그 뒤를 둘러싼 외칠보의 연봉이 한눈에 안겨 온다. 참으로 마음 시원한 아름다운 경치이다.

대웅전을 중심으로 심겸당, 의향각 등 부속건물들로 이루어진 개심사의 장중화려한 건축미는 내칠보의 뛰어난 경치와 어울려 더욱 아름답다. 개심사의 뒤뜨락에는 수백 년 자란 약밤나무가 있어 이곳 풍치를 돋워 주며 그 가까이에는 참대의 일종인 조릿대가 있어 관광객들의 이목을 끈다. 약밤나무는 천연기념물로 지정되어 있다.

오봉산은 다섯 개의 봉우리로 되어 있는데 마치 낟가리처럼 생긴 로적봉과 종사봉을 비롯하여 수많은 부처들이 줄을 지어 가는 듯한 나한봉, 헌불동 등으로 되어 있다.

지난 시기 스님들은 하늘에서 천 개의 부처가 내려와서 한데 모인 것이 '천불봉'이 되었으며, 이를 호위하기 위하여 수많은 사자가 내려온 것이 '만사봉'이 되었고, 이 놀라운 사실을 세상에 종소리로 알리기 위해 '종각봉'이 생겨났고, 천 개의 부처에게 올릴 공양미를 얻기 위해 500나졸을 내려보낸 것이 '나한봉'이 되었으며, 이들이 벌어들인 쌀을 쌓아 놓은 것이 '로적봉'이 되었다고 이야기하였다. 종각봉에는 타종암이 있다.

이것은 스님들이 오봉산의 뛰어난 자연미와 결부시켜 불교를 선전하기 위해 꾸며 낸 것이다. 스님들은 불교를 믿어야 재난을 면하고 복을 받아 잘살 수 있다고 포교을 하였다.

오봉산 안쪽에는 '승무대'라는 낮은 산등성이가 가로놓였는데 한쪽 바위벽에는 '적충암'이 구부정하게 반달 모양으로 붙어 있다.

개심대에서 내려와 개울을 따라 만사봉으로 오르는 길옆에 길이가 2m 정도 되는 '잉어바위'가 있다. 이 바위의 모습은 신통히도 사람 머리에 물고기 몸체를 이루고 있다 이곳에서 돌 벼랑길을 60m쯤 톺아 오르면 몇 개의 바위가 가지런히 놓인 '낙선대'가 있으며 높은 바위 위에 작은 집을 지어 놓은 듯한 '정자암'과 그 모습이 마치 양파 같은 '양바위' 등이 있다.

만사봉 절벽 밑에는 마치 말코처럼 생긴 쌍굴이 있다. 첫 번째 굴은 옛날에 스님들이 숨어 도를 닦았다는 '시굴암'이고 두 번째 굴이 '제자굴'이다. 길이 6m, 높이 3m, 너비 3m인 제자굴 안에는 맑고 찬 샘물까지 솟아나고 있다. '용신굴'은 만사봉 중턱에 있는데 이 굴에는 옛날에 무술을 닦던 장수의 보검이 지금도 비장되어 있다는 전설이 깃들어 있다.

'수도암골'은 만사봉 개울가에 있다. 이 골 안의 짙은 녹음은 여름철의 볕을 가려 주므로 그늘이 지고 가을이면 단풍 들어 더욱 아름답고 온화하여 어느 계절보다 좋은 곳이다.

수도암골에서 약 1㎞ 거리에 있는 청계천의 맑은 물이 흐르는 개울가에는 '형제담'이 있다. 이 담들은 일정한 거리를 두고 그 생김새와 크기가 신통히도 같으므로 형제담으로 불리고 있다.

제일명산구역에는 승선대, 해망대, 금강봉과 금강굴, 회상대, 가마바위와 예문바위, 관음봉, 떡바위, 구룡폭포, 금강담 등의 명소들이 있다. 제일명산구역 탐승은 환희재로부터 시작된다.

개심사를 스쳐 지나 약 500m 오르면 둥그스름한 산봉우리에 소나무들이 풍치 좋게 들어선 곳이 나타나는데 여기가 전망하기 좋은 '승선대'이다. 승선대에 오르면 건너편 산줄기 등마루에 길쭉한 배처럼 생긴 '배바위'가 있고 그 옆에 뱃사공 모습을 한 '선부암'이 있는데 마치 푸른 파도를 헤가르며 달리는 큰 배와도 같다.

그리고 배바위 북쪽에는 절간 건물을 방불케 하는 '사암'이 있다. 수직을 이룬 황갈색의 벽면과 암갈색으로 도드라진 추녀 끝선이며 합각지붕처럼 생긴 용마루 등 모든 것이 그대로 큰 기와집 건물과 비슷하다.

사암과 잇닿아 있는 밋밋한 바위는 칠보산이 하도 좋아 선녀들이 내려와 춤과 노래를 즐겼다는 '무희대'이다.

무희대 곁에는 수많은 우산을 펼쳐 놓은 듯한 '우산봉'이며 선녀들이 올라 달맞이 구경을 했다는 '만월대'가 있다.

또한 배바위 안쪽 계곡 가까이의 푸른 솔밭 속에는 얼핏 보면 군데군데 낟알을 쌓아 놓고 나래를 씌운 것 같은 '창고바위'가 있다.

배바위 남쪽으로는 녹음 속에 아담한 문화주택 처마 끝들이 드러나 보이는 듯한 '조아봉'이 있다. 옛날 6월 보름날이면 선녀들이 하늘에서 칠보산 구경을 내려와서 우선 금강담 맑은 물에 목욕을 하고 외칠보 옥담과 '비선골'에 숨어 놀다가 8월 보름날 무희대에 올라 달맞이 구경을 했다고 전해 온다.

이렇듯 칠보산 놀이에 매혹된 선녀들은 떠나기가 아쉬워 칠보산의 단풍구경까지 한 후 이곳에 와서 하늘로 올랐는데 그 후부터 여기를 '승선대'라고 불렀다고 한다.

승선대에서 발을 옮겨 층층절벽을 밟아 오르면 바다의 전망이 좋은 '해망대'에 이르게 된다. 산악 풍경과 더불어 푸른 물결 출렁이는 동해를 눈앞에 바라보는 해망대의 해돋이는 참으로 아름답다. 맑은 아침 바다 위에 태양이 부챗살처럼 밝은 빛을 뿌리면서 솟아오르면 온 산이 금빛으로 물들어 황홀경을 이룬다.

해망대가 놓인 주봉은 생김이 북쪽에서 바라보면 3각으로 치솟아 보이지만 남쪽에서 볼 때에는 기괴한 모습으로 보이므로 '제일강산'이라 전해 오는데 그의 남쪽 봉우리를 금강봉이라 부른다. 해망대에는 가지를 다부지게 펴고 너럭바위를 억세게 끌어안은 해묵은 소나무와 거북 비슷한 '거북바위'가 있어 풍치를 더욱 돋우어 주고 있다.

해망대를 지나 제일강산 서쪽기슭을 따라 약 300m 가로질러 나가면 '금강봉'과 '금강굴'이 있다. 이 사이에는 무희대, 만월대, 천바위, 매바위, 책바위, 학자바위, 기계봉 등을 한눈에 바라볼 수 있는 지역과 만사봉, 천불봉, 용학봉, 관음봉, 두지봉들로 잇닿아 있다. 금강봉과 금강굴은 천불산을 중심으로 하여 하나의 산악덩이를 이루고 있는 천불봉 남쪽에 위치하고 있다. 이 일대는 주로 붉은 바위로 되어 있는데 그것들이 풍화

침식작용을 받아 여러 산봉우리들과 진귀한 암석들로 되었다.

금강봉과 금강굴은 1860년에 쓴 「칠보산 유람기」에서 처음 나온 명소의 이름이다. 금강봉의 상대높이는 150여m가량 된다. 금강봉은 마치 불타는 봉화탑과 같이 윗부분은 분홍색이고 아랫부분은 누른색을 띠고 있다. 이것은 알카리조면암 위에 요문암이 덮여 있기 때문이다.

금강봉에서 약 100m 떨어진 아래턱에 금강굴이 있다. 사자 입처럼 생긴 금강굴은 높이 2.5m, 너비 1.2m, 깊이 20m인 자연동굴이다. 굴 안에는 200여 명이 들어앉을 수 있고 굴 어귀에는 맑은 샘이 솟아나고 있다.

금강굴 부근에는 지옥굴, 강선굴, 박쥐굴 등 자연적으로 이루어진 굴들이 곳곳이 있어 이곳의 풍치를 더욱 돋우어 주고 있다. 금강굴과 금강봉은 신생대 제 3기 말에 이루어진 붉은 바위의 풍화침식작용과 화산활동과정을 연구하는 좋은 자료가 되므로 천연기념물로 지정되고 있다.

금강굴 앞에 있는 높은 곳은 내칠보의 모든 경치를 한눈에 바라볼 수 있는 전망 좋은 곳으로서 '회상대'라고 부른다. 회상대에서 우선 눈을 끄는 것은 '연적바위'이다. 높이 8m나 되는 원추기둥바위 꼭대기에 옛날 서예가들이 애용하던 연적과 같은 바위들이 올려놓여 있는데 방금 떨어질 것만 갖다. 기나긴 세월의 비바람에도 끄떡없이 견디어 온 것이 놀랍기도 한데 가까이에 가 보면 한 몸에 두 개의 머리가 달린 새가 서로 부리를 맞대고 단꿈을 속삭이는 듯 아주 정답게 보인다.

서북쪽에는 두 개의 쌀가마니를 말 잔등 같은 바위 위에 올려놓은 듯한 '양좌바위'가 있다. 그리고 골짜기에는 두 귀가 넙죽이 붙고 두 눈이

뿔룩한 '호두암'이 있는데 마치도 온갖 산짐승들을 꼼짝 못하게 하듯이 으르렁거리는 범 모습 그대로이다.

북쪽에는 오봉산의 수많은 봉우리들이 우중충 춤을 추고 만월대, 기와집바위, 배바위, 우산바위 등의 기묘한 바위들이 한눈에 안겨 온다. 또한 맞은편에는 몇 만 권의 책들을 쌓아 올린 것 같은 '서책봉'이 있고 그 끝부분에는 책을 펼쳐 놓고 글 읽기에 좋은 '탁자바위'가 있다. 이 바위 형태가 마치 피아노의 의자가 놓여 있는 것 같다 하여 지금은 '피아노바위'라고 부른다.

피아노바위 남쪽에는 푸른 소나무림 속에 기와집 밑 부분이 드러난 것처럼 보이는 '가계봉'이 있고 남쪽 골짜기에는 세 사람이 걸어오는 것처럼 보이는 '3부도바위'가 있다. 이와 같이 여러 형태를 이룬 내칠보의 기암들은 사방으로 머리를 돌리면 거의 다 바라볼 수 있다고 하여 이곳을 회상대라고 이름 지었다.

서책봉에 오르면 봄맞이 구경으로 이름난 '영춘대'가 있으며 이곳에서 멀지 않은 곳에 약 50m의 거리를 두고 위쪽에는 '강선굴'이 있고 아래쪽에는 '대장굴'이 있다. 이 두 굴에는 흥미 있는 전설이 담겨져 있다.

가계봉 뒷등성이에 오르면 소나무림 속에 기묘하게 생긴 네 개의 큰 바위가 일정한 거리를 두고 서 있다. 첫째 바위는 사기접시를 쌓아 올린 것 같은 '기적바위'이고, 두 번째 바위는 이부자리를 쌓아 놓은 것 같은 '금적바위'이다. 셋째 바위는 거연히 솟은 모습이 혼인 나들이할 때 세워지는 '예문' 그대로인데 넷째 바위는 시집갈 때 타고 가던 가마처럼 생겼다. 그러므로 이 바위들을 '예문바위', '가마바위'라고 부른다.

이 4개 바위들 중에서 가마바위와 예문바위는 그 형태가 신통히도 이름과 같이 생겼다. 높이가 8m 되는 예문바위는 마치도 체구가 장대한 사나이가 다리를 쩍 벌리고 서 있는 것같이 보인다.

가마바위는 3m 높이로 축대를 쌓아 올린 것 같은 네모난 바위 위에 다른 큰 바위가 네 모서리가 약간 닿게 올려놓아져 있는데 그 안은 궁륭 식으로 텅 빈 돌방으로 되어 있다. 이 4개 바위들에는 자연적 조각미에 어울리게 재미있는 옛이야기가 전해 오고 있다

서책봉 벼랑 밑에서 북동쪽으로 얼마쯤 가면 산허리에 좁은 돌문인 '천암문'이 있다. 이곳에서 내원골 개울물을 건너면 동쪽의 산등말기 소나무림 가운데 노적가리처럼 일어선 '관음봉'이 나타난다. 관음봉 안쪽에는 부처 모양으로 생긴 '관음보살바위'가 있다. 약 5m의 돌기둥으로 떠받들린 이 관음보살바위의 가는 목의 굵기는 약 30cm인데 밑의 몸체를 이룬 둥근 바위의 직경은 2m이고 아차 하면 굴러떨어질 것만 같다.

이 바위의 위쪽 약 100m 거리에 똑같은 생김새의 바위가 있어 마치 쌍둥이 바위와도 같다. 관음봉 밑에는 자연굴인 관음굴이 있다.

관음봉의 남쪽 산중턱에는 여러 가지 옷차림을 한 수많은 사람들이 모여선 것 같은 '심대봉'이 있다.

천암문에서 오던 길을 되돌아 금강골 골짜기에 떨어져서 오봉산 쪽으로 약 100m쯤 오르면 흥미 있는 전설이 깃든 '떡바위'가 있다.

떡바위와 서책봉을 건너 나드는 금강골 냇물에서 길이가 6km나 되는

'자하동' 골짜기를 내려가면 우거진 숲 속에 잔잔히 흐르던 개울물이 여울을 이루다가 여러 곳에서 못으로 변하기도 하고 폭포로 되기도 하는 아름다운 풍경이 펼쳐진다.

그 가운데서도 널따란 반석 위에로 미끄러지던 물이 8m의 절벽 위에서 흘러 쏟아지는 '깃당포'와 떨어진 물이 소용돌이치며 뒤번지는 깃당포 부근은 산수풍경이 뛰어난 것으로 널리 알려져 있다. 봄이면 온 산에 진달래가 붉게 피어 그윽한 향기를 풍기고 여름이면 둘레의 우거진 숲과 푸른 하늘이 물에 잠기고 가을이면 단풍이 폭포와 어울려 아름답기 그지없다.

자하동 골짜기에는 또한 물 맑은 금강담이 있어 더욱 그윽하고 7m 높은 벼랑에서 떨어지는 구룡폭포로 하여 더욱 시원하다. 자하동 골짜기에서 휴양소로 돌아오면 제일명산 탐승은 끝난다.

상매봉구역에는 조룡봉, 황소바위와 농부바위, 한덕, 문암령과 군관묘, 만탑굴 등의 명소들이 있다. 휴양소 어귀에서 북쪽을 쳐다보면 후미진 병풍바위가 있고 그 왼쪽에 다섯 갈래로 일어선 바위산들이 기묘한 기상을 갖추었는데 이것이 '조룡봉'이다.

첫 능선에는 갑옷에 투구를 눌러쓰고 돌아앉은 것 같은 '장군바위'가 있고 그 위에는 당나귀가 쫑긋한 두 귀와 가느다란 목을 빼 든 것 같은 '용바위'가 있다.

두 번째 능선 수풀 가운데에는 가지런히 생긴 큰 바위가 두 개 있는데 이것이 '책바위'이다. 이 책바위 꼭대기에는 넙적한 돌 하나가 따로 놓여 있어 마치 채양처럼 절반 이상 앞으로 허공 드러났는데 밑 틈새까지 환히 내다보이기에 금시라도 앞으로 떨어져 내릴 것만 같다.

세 번째 능선 바위꼭대기에는 뻐꾸기가 날개를 접고 앉아 옆을 돌아다보는 것 같은 바위들이 올라앉아 있다.

넷째와 다섯째 능선은 바위절벽으로 솟아 있는데 톱날 모양으로 둔덕진 곳에는 푸른 소나무가 섞이어 풍치를 조화롭게 치장해 주고 있다.

조룡봉에서 박달령 쪽으로 약 300m쯤 오르면 두 개울이 합치는 목에 이르는데 여기에는 지난 시기 '금정사'라는 절간이 있었다. 이 절간은 1770년경에 불에 타서 없어지고 지금은 부도(승려들의 무덤) 하나가 남아 있을 뿐이다.

부도에서 남쪽 개울을 따라 오르면 '문암골'에 이른다. 다리를 건너면 동쪽 산허리에 거인처럼 솟은 '외대바위'가 있다. 이곳에서 5리쯤 더 가면 산등말기에 큰 황소가 목을 쭉 빼 들고 무겁게 짐을 실은 소발구를 끌고 나가는 것 같은 '황소바위'가 있다. 그리고 능선 앞에는 곡식을 뭉글뭉글 가려 놓은 듯한 '노적바위'가 있다.

황소바위와 농군바위의 모습은 풍치 아름다운 칠보산에서 보다 행복한 생활을 꿈꾸면서 부지런히 일해 온 이 고장 농민들의 일솜씨를 그대로 보여 주는 것만 같다. 깊어지는 문암골 오솔길을 따라 산능선에 오르면 문암령에 이른다.

지난 시기에는 이 문암령 길이 칠보산으로 드나드는 기본 통로였는데 박달령에 큰길이 생기면서 길손들이 적어졌다. 문암령에는 높이 8m나

되는 큰 바위 2개가 길 양옆에 서 있었다. 이로부터 이 영을 바위문이 서 있는 영이라 하여 '문암령'으로 이름 지었다. 문암령에서 약 1km 떨어진 곳에 칠보산지구에서 제일 높은 상매봉(1,103m)이 있다.

예로부터 산이 높아 구름이 항상 걸리기에 '운무산'이라고 불러 오다가 그 후 사나운 매가 어깻죽지를 살리고 그 무엇을 노려 날 듯한 기세를 갖추었다 하여 '상매봉'으로 부르게 되었다. 상매봉 마루에는 산철쭉, 진달래, 들쭉 등의 키 낮은 떨기나무들이 땅에 붙어 자라고 있다.

산꼭대기에 올라서면 하늘 중천에 뜬 것 같고 길주, 명천, 화대, 화성 등지가 한눈에 안겨 온다. 동남쪽에는 내칠보, 외칠보의 기암괴석들이 솟아 있고 남쪽 멀리에는 화대 앞바다의 섬과 김책만이 내다보인다.

칠보산의 산악들과 골짜기들은 상매봉에 뿌리박고 뻗어 나가고 있으며 해칠보의 바다 풍치들도 상매봉 앞에 펼쳐져 있다. 그러므로 상매봉은 칠보산의 전경을 바라보는 아주 좋은 전망대라고 볼 수 있다.

(2) 외칠보

외칠보는 내산동으로부터 로적봉까지의 구간으로서 내칠보에서 해칠보로 내려가는 16km 구간에 펼쳐진 경구이다. 내칠보의 수려하고 의젓한 모습에 비하여 외칠보는 높이 솟은 웅대하고 기묘한 산봉우리들이 많아서 기발한 맛이 나는 것이 특징적이다. 외칠보의 경구는 심원탐구역, 만물상과 가인골구역, 로적봉구역 등으로 나눈다.

심원탐구역에는 석릉봉과 봉서암, 학무대, 맹수봉의 박쥐굴, 처녀바위, 장군바위 오적굴과 류장굴 등의 명소들이 있다. 자연 풍치에 어울리게 날아갈 듯이 지은 칠보산휴양소의 휴양각 뒤에는 들쑥날쑥한 바위가 병풍처럼 둘러섰는데 이것이 '석릉봉'과 '봉서암'이다. 그중 봉서암은 마치 목이 길고 앞가슴이 흰 수천수만 마리의 새들이 깃을 털며 날아들어 빼곡히 앉은 것처럼 보인다.

휴양각 앞 꼭대기에는 쌀포대를 쌓아 올린 것 같은 '적곡봉'이 솟아 있고 서쪽에는 수십 길 절벽을 이른 '만장봉'이 솟아 있다.

만장봉 곁에는 '가정교'란 다리가 놓여 있는데 그 밑으로는 구슬같이 맑은 물이 해칠보로 흐른다.

가전다리 건너에는 웅장한 바위산이 골짜기를 가로질러 막아섰는데 이것이 '학무대'이다. 다복솔을 보기 좋게 떠 인데다 그 밑은 세 면이 벼랑으로 깎아지른 학무대에서 아름다운 장수산 골짜기를 굽어보면 하늘 높이 날아오르고 싶은 충동을 일으킨다. 앞에 솟은 등마루에 오르면 옛이야기대로 무인도에 갔던 사람이 학을 타고 고향으로 돌아오느라고 하늘 높이 뜬 것만 같다.

학무대 맞은편에는 하늘에 닿을 듯한 장수산을 등에 지고 수많은 학들과 날새들이 해맞이를 하면서 앉은 듯 다채로운 모습을 이루고 있다. 조화로운 바위들은 신통히도 물헤엄을 치다가 쌍쌍이 줄지어 있는 모양, 방금 날듯이 날개를 펼친 모양, 날개의 물방울을 터는 모양, 새끼를 날개 속에 품은 모양들을 이루고 칠보산을 정답게 굽어보는 듯하다. 바위의 생김새가 그러한데도 있지만 동해의 절승 칠보산을 못 잊어 칠보천 흐름을 따라 오르내리는 학들이 이 학무대의 소나무가지에 깃을 들이고 너울거리는 점에서도 역시 학이 춤추는 모습이라 이를 만하다.

학무대 아래로 큰 길과 보촌천이 가지런히 돌아갔는데 굽인돌이를 지나면 북쪽으로 '맹수봉'이 마주 보인다. 맹수봉을 바라보면 세상의 모든 짐승들이 모인 것만 같다. 맹수봉 밑에서 동쪽으로 돌아서면 높이 6m, 너비 3m나 되는 나팔 모양의 '박쥐굴'이 있다. 이 굴속에 들어가면 수많은 박쥐가 지저귀는 것이 신통히도 물 흐르는 소리와 같이 들려온다.

300여 명의 사람이 들어갈 수 있는 널따란 굴속에서 낮이면 박쥐들이 주인 노릇을 하고 밤이면 비둘기들이 주인 행세를 하니 낮에는 '박쥐굴' 이요 밤이면 '비둘기굴'이다.

맹수봉을 지나면 낭떠러지 벼랑이 겹겹이 싸인 곳에 실오라기 같은 폭포가 흐르는 유선골에 이른다. 용감한 젊은이들도 두 번째 벼랑까지는 뚫어 오르나 그다음은 돌파 못하고 돌아선다. 그러기에 그 윗 골짜기에는 어떤 명소가 있는지 모르고 있다.

골짜기 막바지에는 크고 작은 기둥 같은 바위들이 높고 낮게 홀로 또는 둘씩 박혀 뛰어난 바위기둥 경치를 이루고 있다.

이렇듯 사람들의 발길이 쉽게 닿지 못하는 여기에서 선녀들이 숨어 놀았다는 데서 골 이름이 '유선골'이라 불려 온다.

유선골을 지나면 비스듬히 경사진 수풀 속에 크기와 형태가 같은 '형제바위'가 의좋게 서 있고 신통히도 처녀의 모습 그대로인 '처녀바위'가 있다. 처녀바위는 머리쓰개가 달린 비옷을 입고 다소곳이 머리를 숙인

채 앞섶을 여며 쥐고 섰는데 고운 눈매에 얌전해 보이면서도 수줍어하는 모습은 사람의 솜씨로써는 미치지 못할 천연의 동상이다. 처녀바위 왼쪽 멀지 않은 곳에는 '총각바위'가 마주 섰고 바로 앞에는 '고양이바위'가 있다. 이 세 바위에는 그의 자연적 조각미에 어울리게 꾸며 낸 재미나는 전설이 깃들어 있다.

처녀바위를 지나 심원골과 총총개골 사이에 솟아 있는 수리봉 기슭에 '장군바위'가 있다. 높이 10m가 넘는 장군바위는 뚜렷한 머리와 장대한 체구, 둥실하게 선 콧등과 위엄 있어 보이는 앞가슴 등은 일만 대적을 일격에 칠 기상이 넘친다. 이것이야말로 명공의 뛰어난 조각솜씨로도 따르지 못할 자연적 조각미의 극치라 할 것이다.

장군바위의 왼쪽 둔덕에는 장군이 칼을 갈았다는 '매도암'이 몇 그루의 소나무를 떠이고 홀로 나앉아 있고 이 바위 아래에는 칼을 갈 때 숫돌물로 썼다는 '옥류담'이 있다. 전에는 물빛이 없었는데 장군이 서릿발 푸른 장검을 갈기 시작한 때로부터 물빛도 장검의 정기를 받아 푸르스름한 빛을 띠었다 한다.

이 옥류담 아래부터 담소와 여울의 물빛이 연한 녹색을 띠어 유달리 아름답다. 옥류담의 윗흐름을 따라 5리가량 들어서면 옛날 맨 처음 심씨 성을 가진 사람이 살았다 하여 불려진 '심원골'이 있다. 이 골짜기의 북쪽 높은 곳에는 병풍바위가 둘러섰고 서남쪽 안심골에는 '대바위', '삼형제바위', '송곳봉' 등의 기묘한 바위들이 있다.

소나무림으로 덮인 수리봉 등성이를 타고 동쪽으로 멀지 않은 곳에

'오적골'이 있다. 여기에 굴이 나타난다. 이 굴 앞에는 돌바위가 수목을 들쓰고 막아섰기 때문에 이 굴은 쉽게 눈에 뜨이지 않는 비밀 굴로 되어 있다. 굴 형태는 소뿔 모양으로 들어가면서 좁아졌다. 굴 어귀의 높이는 2.5m, 너비는 4m, 길이는 47m나 된다.

만물상과 가인골 구역에는 만물상계곡, 월락산, 포악대와 가포대, 은파폭포와 옥담 등의 명소들이 있다. 여기에 있는 휴양각에서 약 2㎞ 내려가면 황진으로 가는 새길령이 있다. 휴양각에서 골짜기를 따라 올라가면 막바지에 세상만물의 모양을 다 갖춘 '만물상'이 황홀하게 나타난다.

위훈을 떨친 장수가 나타나는가 하면 총을 쥔 병사의 모습, 망치를 쥔 노동자와 낫을 쥔 농민, 천진난만한 어린이, 학자, 예술인의 모습도 보이고 고양이, 사자, 사슴을 비롯한 여러 짐승들의 모습 등 그 기묘함을 일일이 헤아리기 어렵다. 하기에 만물상 앞에서는 누가 말하면 말한 대로, 생각하면 생각한 대로 그 모습이 나타나고 눈길을 옮기면 옮길수록 바위들이 천만 가지 요술을 피우는 것만 같다.

산굽이를 돌아 좀 더 올라가면 골짜기 벼랑 중턱에는 어린애들이 한데 어울려 노는 모습 같다는 '동락대'가 바라보이고 그 뒤에는 한 떨기의 연꽃과도 같이 기묘하게 생긴 '회판바위'가 있다.

또한 이곳에는 마치 약첩을 쌓아 올린 것 같은 '약적봉', 성문을 닫은 것 같은 '성벽바위', 큰 문을 지키는 문지기 같은 '문수봉' 등이 높이 솟아 있다. 이렇게 돌이 만 가지 재주를 부리는 경치에 구름도 그저 지나가기 아쉬운 듯 벼랑을 감돌 때면 만물상도 대자연의 비밀을 감추곤 한다.

만물상 중턱에서 동쪽으로 엇비슷이 나가면 새길령에 오르게 된다. 이 영을 경계로 서쪽은 만물상, 동쪽은 월락산이고 그 사이로 황진만이 보인다. 그리고 남쪽에는 수많은 봉우리들이 발돋움하듯이 솟아 있는 내·외칠보의 산악 풍치가 한눈에 안겨 온다.

새길령 마루에서 서쪽으로 약 50m 거리에 성큼한 바위가 있는데 이 바위 앞에는 새길령에 깃든 이야기를 전해 주는 새하얀 비석 하나가 서 있다.

월락산은 새길령의 동쪽에 있다.

노적가리처럼 솟은 월락산 꼭대기 뒤쪽에는 하늘이 환히 내다보이는 보름달처럼 둥근 바위 구멍이 뚫어져 있다. 해마다 8월 보름날 밤이면 보름달은 이 구멍으로 솟아 떠서 그 누구도 만월에 비낀 만물상을 구경한 일이 없다고 한다. 이전에는 이름 없던 이 산을 보름달이 즐겁게 놀다가 간 데라 하여 '월락산'이라 하였다.

월락산에서 외칠보 계곡 쪽으로 한 줄기 바위산이 뻗었는데 첫 바위는 '용바위', 두 번째 바위는 '칠상바위'이다.

새길령에서 약 2km 내려와 산허리 건너편에 바라보이는 바위산에는 칠보산의 역사를 말해 주는 바위가 서 있다. 벌 둥지같이 구멍이 숭숭 난 이 현무암을 보면 지질학을 연구하지 않은 사람이라도 아득한 옛날 땅속에서 뜨거운 돌물이 솟아나오면서 가스 거품이 생겼던 자리라는 것을 쉽게 알 수 있다. 이 구멍 많은 현무암의 위쪽에는 수탉처럼 생겼다는

'계두바위'가 있는데 길 위 숲 사이로 닭볏 같은 바위뿔들이 삐죽삐죽 내밀고 있다.

새길령 갈림길에서 한 구비 돌아 내려가면 동쪽 산중턱에 바위가 채양판처럼 드러나 보이는데 이것이 '포약대'이다.

이곳에서 또 한 구비 돌아 내려가면 왼쪽에 '가람봉'이 솟았고 동쪽 산등말기에는 육중한 바윗돌이 마치 포신을 고인 것처럼 보이는 '가포대'가 눈에 뜨인다.

가포대 앞 길가 너럭바위 틈새에는 물온도 21℃에 유화수소 성분이 약간 섞여 있는 온천이 솟아난다. 황진구역에는 『동국여지승람』에도 기록되어 있을 정도로 유명한 황진온천을 비롯한 명소가 많다. 황진온천과 같은 줄기의 온천이지만 땅속에서 솟아오르다가 찬물과 섞인 관계로 온도가 낮아졌다.

외칠보의 가인골 또한 절경이다. 가포대를 지나 방금 옆으로 굴러 내려갈 듯한 아슬아슬한 바위를 지나 깊숙한 골짜기로 들어가면 갈수록 맑은 개울물은 구슬이 흐르는 것만 같고 이끼로 수놓은 기암들이 병풍처럼 둘러서 있다. 가을이면 벽계수는 붉은빛으로 아롱지고 바위는 보석처럼 빛나는데 여기에 들어선 사람까지도 조명등을 비친 무대에 오른 것 같다 하여 이 골짜기를 '가인골'이라 이름 지었다. 뒹굴어도 티 하나 묻지 않는다는 암반들이 늘어선 골짜기에 들어서면 앞에 천길 벼랑이 깎아선 '봉승바위'가 하늘에 잇닿은 듯 쳐다보인다.

봉승바위 밑을 지나 얼마간 들어서면 6m 벼랑 위에서 폭포가 물안개를 일으키며 쏟아져 내리고 그 밑에는 널따란 못을 이루고 있다.

이것이 '은파폭포'인데 주변의 기암, 녹음 등과 어울려 뛰어난 경치를 이루고 있다. 은파폭포 위에 오르면 수정같이 맑은 '옥담'이 있는데 그 생김새가 정교하고 마치 닭알(달걀) 속 같아서 보는 사람마다 자연의 신비로움에 경탄을 금치 못한다. 이 옥담 위에는 또한 쪽배같이 생긴 푸른 못이 있으며 그 위로 50m 더 오르면 수채통 같은 벼랑 끝에서 물이 흘러 내려 또 작은 못을 이루었다.

로적봉구역에는 로적봉 첫직폭포 외 6단폭포 등의 명소들이 있다.

외칠보의 진귀한 봉우리인 로적봉은 보촌마을이 가까운 노적골의 맑은 냇물에 뿌리를 잠그고 거연히 솟아 있다. 높이 약 50m 되는 로적봉은 마치 수천수만의 쌀가마니를 쌓아 놓은 듯이 규칙적인 틈결로 고깔 모양을 이룬 봉우리이다.

봉우리 뒤에는 수직 땅결이 매우 발달한 산들과 봉우리, 절벽이 있고 앞에는 보촌천의 깎임을 받아 생긴 벼랑과 깊은 물이 에돌아 흐르고 있다.

로적봉의 틈결마다에는 작은 소나무와 단풍나무들이 자라고 앞면 모래부리에는 해당화와 도토리나무, 참나무들이 무성하게 자라고 있다. 이 봉우리 꼭대기에는 곧추서 있는 바위들이 보이는데 바람이 살랑 건드려도 넘어질 것만 같다. 그러나 기나긴 세월 비바람에 끄떡하지 않고 옛 모습대로 서 있는 이 바위를 '풍동바위'라고 부른다.

로적봉 꼭대기에는 원래 기묘하게 생긴 돌이 하나 더 있었는데 일제 때 일인들이 명천읍과 조선 동해를 연결하는 군사용 큰길을 닦을 때 허물어 썼다. 그때 일인들은 로적봉마저 허물어 바윗돌을 쓰려고 하였다. 그러나 칠보산을 사랑하는 이 고장 주민들의 세찬 항거에 부딪치자 일인들은 로적봉을 허물지 못하고 그들의 계획을 포기하지 않을 수 없었다.

세계적으로 드문 규칙적인 틈결로 하여 오래전부터 이름난 노적봉은 중생대 단천암군의 화강암에 덮인 현무암이 오랫동안 물깎임에 의하여 드러난 봉우리로서 그 틈결과 모양이 노적 같다고 하여 '로적봉'이라 불렀다. 이 봉우리는 현무암, 알칼리조면암, 회색규장암 등으로 된 봉우리와 벼랑으로 둘러싸여 있다.

로적봉은 기암괴석과 기묘한 봉우리로 하여 아름다운 곳이다. 로적봉은 화강암 틈결 형성과정과 백두화산대의 지형연구자료로서 의의가 크므로 천연기념물로 지정되고 있다.

로적봉 동쪽에는 이 봉우리와 약 80m 거리를 두고 갈증 난 말이 물을 만나 들이켜는 모양을 이룬 '말바위'가 서 있다.

그리고 산꼭대기에는 바위들이 톱날처럼 날카롭게 북쪽방향으로 치우쳤는데 이것은 행군의 기수들이 치켜든 깃발 같다 하여 봉우리 이름을 '기치봉'이라 불러 온다.

로적봉과 말바위 사이로 빠져나오면 물힘에 깎여 곱게 다듬어진 여러 색의 조약돌이 쭉 깔린 강변이 나타나며 이곳에서 강줄기를 따라 약 1㎞ 거슬러 오르면 높은 화강암 벼랑 위에서 쏟아붓는 '첫직폭포'의 장쾌한 모습이 안겨 온다. 16m의 높이에서 떨어지는 이 폭포의 허리에는 기나긴 세월 폭포물에 파여 깊이 2m나 되는 '절구담'이 놓여 있다.

칠보산에서 금강산과 같이 희맑은 화강암 바탕에서 수정물을 굴리는 폭포는 이곳에서만 볼 수 있다. 첫직폭포에서 10리 채 못미처 서쪽에는 월락산을 등진 오각산의 연봉들이 솟아 있고 북서쪽에는 깎아지른 절벽들과 울룩불룩한 바위들이 솟아 있다.

바위 밑 우거진 숲을 헤치고 골짜기 막바지에 오르면 구름이 에도는 산꼭대기에 뿌리를 박고 은하구가 흐르는 듯 쏟아지는 '6단폭포'의 장관이 펼쳐진다.

여섯 층으로 쏟아지는 폭포 가운데서 제일 높은 것이 25m, 폭포의 전체 높이는 100m나 된다. 어떤 층은 쏜살같이 흐르면서 곤두박질하고 어떤 층은 누워서 흐르며 또 다른 층은 용이 꿈틀거리면서 기는 모양으로 꼬불꼬불 흐르는데 쿵-쿵-쏴쏴 하면서 골짜기를 뒤흔든다. 장엄한 물소리를 들으면 외칠보는 마치 폭포의 승지, 물의 세상인 것 같다.

외칠보는 내칠보와는 달리 울창한 나무숲과 시원한 그늘, 푸른 담소와 폭포, 만물상, 처녀암 등 이름난 명소들이 가득 찼다. 산악미와 계곡미로 특징지어진다.

(3) 해칠보

해칠보는 북쪽 어랑단으로부터 남쪽 무수단까지 150리의 긴 해안선에 깎아지른 벼랑들과 돌섬들로 이루어진 바다 풍경이다. 유람선에 몸을 싣고 구경할 수 있는 해칠보의 관광은 편리상 보촌리 소재지인 중평 나루를 중심으로 북쪽 솔섬구역과 남쪽 코끼리바위-달문구역으로 나눌 수 있다

솔섬구역에는 와룡칠봉, 무지개바위, 봉소진과 기둥바위, 솔섬, 촉석 암, 최석금 등의 명소들이 있다.

'와룡칠봉'은 보촌리의 중평마을 바닷가에 있다. 바다의 보물도 많아 보물마을이라 부르는 보촌 앞바다에는 명태를 비롯하여 가자미, 대구, 청어, 이면수, 고등어, 송어, 꽁치, 오징어, 도루메기, 게, 성게, 해삼, 문어, 전복, 조개, 미역, 곤포 등 갖가지 해산물이 많이 난다. 세상에 그토록 널 리 알려진 명태란 이름이 처음으로 생겨난 고장도 바로 이 보촌나루라 한다.

옛날 이 명천땅 보촌마을에 살고 있던 태씨 성을 가진 한 어부가 이곳 앞바다에서 그때까지 본 일이 없는 물고기를 잡았다. 그래서 명천의 '명' 자와 어부의 성 '태'를 붙여서 '명태'라고 이름 지었다. 해칠보 명산물로 널리 알려진 미역도 보촌 앞바다에서 많이 난다.

와룡칠봉은 다복솔을 떠인 일곱 개의 봉우리가 잇닿은 것이 마치 용 이 길게 늘어져 꿈틀대는 것 같다 하여 불려진 이름이다. 와룡칠봉 남쪽 으로 5리 정도 나가면 중평나루인데 이곳 일곱 재 봉우리 끝에 파도에 멧부리를 씻는 와룡칠바위들이 있다.

그러나 중경마을 서쪽에는 사람들이 줄지어 산에 오르는 모습 그대로 의 '행렬바위'가 있으며 부처가 가부좌를 틀고 앉은 듯한 '좌상봉' 등 갖

가지 묘한 바위가 바다 풍경과 어울려 색다른 풍치를 이루고 있다. 중평
마을은 해칠보에서도 이름난 어항이다.

푸른 하늘 아래 파도 설레고 갈매기 우짖는 바다, 고동소리 높이 풍어
기 휘날리며 포구로 돌아오는 고깃배들로 흥성거리는 포구, 참으로 중
평어항에서 바라보는 해칠보의 풍경은 시원하면서도 풍만하다.

묘하게 생긴 '무지개바위'는 중평 바닷가에 있다. 이 바위는 오래전부
터 해칠보 강선문, 상암회탕, 달문과 함께 바닷가 바위의 명소로 알려져
있다.

하늘 높이 걸린 듯 한 끝은 산비탈에 박고 다른 한 끝은 바다에 뿌리박
은 무지개바위는 참으로 절경이다. 반달 같은 바위구멍에 파도가 들이
닥쳐 은빛 꽃보라를 이루니 무지개바위는 구름 위에 걸린 것만 같다. 무
지개바위는 모래바위와 자갈바위 위에 제4기 현무암이 덮인 후 바다깎
임을 받으면서 솟아올라 이루어진 것이다.

무지개바위 위에는 약 40년 자란 소나무가 한 그루 있어 운치를 돋워
주고 있다. 무지개바위의 높이는 약 8m, 그중 굴 부분의 높이는 약 4.5m,
굴의 깊이는 10m, 굴 윗부분의 너비는 3~4m 정도이다.

무지개바위는 해식동굴로서 그 형성과정과 융기운동을 연구하는 데
좋은 자연물이다. 특히 무지개바위는 그 구조와 특성, 풍치 미관상으로
보아 세계적으로 드문 것으로서 천연기념물로 지정되어 있다.

무지개바위 앞에는 '산호바위'가 파도에 찰랑찰랑 얻어맞고 몸을 물
밑에 감추었다가 일어서곤 하는데 그 위로 바닷새들이 너울너울 춤을

춘다.

무지개바위를 지나 와룡칠봉이 끝나는 곳에서 산굽이를 돌아 북쪽으로 좀 가면 봉소진나루가 있다. 성큼한 바위들이 파도에 부딪쳐서 물안개를 이루는데 파도가 밀려나간 자리를 보면 구멍이 숭숭 뚫어진 것이 벌 둥지와도 같다. 그래서 이 나루를 바위형태를 따서 '봉소진' 나루라고 부른다.

봉소진의 뒤로는 무연한 등판을 이룬 평덕산이 뻗어 나오다가 해안 낭떠러지에 와서는 굵직한 '기둥바위'들에 떠받들려 있다. 석공이 먹금을 치고 다듬어도 이처럼 정교하게는 하지 못하리라고 할 정도로 생긴 기둥바위 중에서 한 기둥바위만은 밑그루가 튀어나와 자빠지면서 바위에 기댔다. 그래서 이 기둥바위에는 옛날부터 '힘장수 오누이'에 대한 전설이 있다.

봉소진에서 마을 앞을 지나면 널따란 바위절벽에 붉은 색깔로 그린 동그라미 같은 것이 보이는데 이것이 '홍문암'이다. 홍문암에서 송호로 나가는 절벽 밑으로는 길이가 40㎝ 되는 해안굴과 같은 바위굴이 있다. 이 굴에 들어서면 바위에 삼켜 버릴 듯한데 여기를 빠져나가면 앞에 '솔섬'이 나타난다.

소나무숲으로 둘러싸인 '동일정'이란 작은 정자를 떠이고 앉은 솔섬은 푸른 바다에 어울려 참으로 절경을 이루고 있다. 솔섬은 바닷물과 심한 바람의 작용을 받아 유문암과 진주암이 드러나서 이루어진 것인데 두 개의 작은 섬으로 되어 있다.

섬의 높이는 34m이고 둘레는 0.35㎞, 면적 0.009㎢이다. 원래는 한 개 섬이었으나 화강암 짬이 점점 멀어져서 2~3m 사이로 떨어졌다. 솔섬 중턱에는 깊숙이 내리 뚫린 '용굴'이라는 굴이 있다. 이 굴은 오랜 세월을 두고 바닷물의 해식작용을 받아 이루어진 자연굴인데 밑은 바다와 통한다.

용굴에서 남쪽으로 약 20m 오르면 '동일정'에 이른다. 겹처마 합각지붕에다 멋진 두공을 짜 올렸고 두공과 두공 사이에는 연꽃과 모란꽃 조각판을 떠 넣어 단청을 입혔는데 그 모습이 학이 날아와 앉은 기상이다. 이 솔섬의 아름다운 풍경을 두고,

솔섬은 묘하기 닭알(달걀)과 같은데
바다 어귀에 알맞춤 놓여 있네
섬 복판에 깊다란 동굴이 휘우듬하게 생겨
파도를 용납하네

라고 노래한 시구가 전해지고 있다.

솔섬 서쪽 바닷가 기슭에는 꼭대기에 바윗돌이 박힌 뾰족한 '문필봉'이 서 있고 그 뒤에는 '모란봉', 서쪽에는 나비 같은 '봉접봉'들이 솟아 있고, 또한 북쪽 바닷가에는 기묘하게 생긴 '촉석암'이 서 있고 남쪽 멀리에는 삐죽이 내민 '노가단'이 안개 속에 아물거린다.

솔섬에서 이런 해안 풍경을 바라보노라면 하늘과 바다에 다리를 놓고

방금 선녀라도 내려올 듯 한 기분에 취해 버린다. 하기에 『동일정 팔경목』에는 다음과 같은 시구가 있다.

> 구름이 개이니 절벽을 뽑아 가누나
> 기둥바위는 주추산으로 기묘하고
> 모란봉은 바다에 두둥실 실린 것 같구나
> 용궁에 파도가 용납하니 뇌성을 일으키네
> 섬 수풀에서 학이 우는 소리 교교하고
> 백사장에 갈매기 조르는 듯하여라.

솔섬은 벼랑과 바위, 우거진 솔밭과 작은 모래부리, 넓은 바다가 잘 조화된 풍치 아름다운 곳으로 널리 알려졌다.

솔섬은 지금으로부터 약 5,000만 년 전에 이루어진 물섬으로서 지질 연구와 풍치미관상 가치 있는 대상이므로 천연기념물로 지정되었다. 솔섬에는 이 섬의 생김새와 결부된 전설이 깃들어 있다.

솔섬의 북쪽 바닷가에는 '촉석암'이 있다. 내륙으로부터 바다로 뻗어 내린 산줄기가 바닷가에서 멎어 높은 바위벼랑을 이루었는데 기나긴 세월 빗물과 세찬 파도의 선택적인 해식작용을 받아 수많은 바위로 이루어져 촛불이 피어난 것 같다고 하여 바위 이름을 촉석암이라고 불러 온다.

창끝처럼 뾰족뾰족 일어선 바위 끝은 수많은 촛불이 타올라 해칠보에

휘황한 불빛을 뿜는 듯싶다. 약 6㎞ 구간에 펼쳐진 촉석암이 거의 끝나는 바위산 중턱에는 부드럽고 아련해 보이는 바위 하나가 서 있다. 이것이 내칠보 가마바위 전설에서 나오는 신부가 해칠보 풍경에 취해 섰다가 바위로 굳어졌다는 '신부암'이다.

신부암 가까운 바닷가에 병풍처럼 둘러선 절벽에는 하늘을 향하여 무지개 모양으로 뚫어진 '강선문'이 있다. 강선문은 선녀들이 해칠보로 내려오는 문이라 한다.

이 강선문 일대는 지질학적으로 보아 석영조면암이 뭉쳐 이루어진 지층으로 되어 있다. 수천수만 년 동안 긴긴 비바람에 씻기고 깎여 삿갓 모양의 탑을 이룬 수많은 봉우리와 바위틈에 소나무들이 가까스로 뿌리를 박고 한두 그루씩 서서 해풍에 설레는 기괴한 모습은 해칠보의 특징적인 풍경의 하나가 되어 있다.

신부암을 스쳐 지나가노라면 봉우리에 차례차례로 3개의 큰 바위가 한 줄로 나타난다. 그 모양이 마치 배낭을 진 어른이 앞서고 아이를 업은 아주머니가 뒤따르며 그 뒤에 강아지 한 마리가 따라가는 것처럼 보이는 이 바위는 흥미 있는 전설이 깃든 '최석금바위'이다.

최석금바위를 지나 뱃길로 조금 더 가면 바닷물에 깊이 뿌리박은 바위벼랑에 반달처럼 우므러들어간 '흑룡굴'이 있다. 이곳을 벗어나면 천 길 벼랑 '직석암'이 쳐다보이는데 좀 더 나가면 아담한 솔밭 속에 해칠보 야영소가 자리 잡고 있는 황진어촌에 이른다. 언제나 명절처럼 흥성거리는 야영각에는 희망찬 나날을 즐거이 보내는 야영생들의 노랫소리가

울려 퍼진다고 한다.

야영소 어귀에서 약 300m 들어가면 2층 휴양각 맞은편에 황진온천이 있다. 바위짬으로 52~73°C 되는 더운물이 하루에 70t씩 솟아오른다. 이 용출구의 북쪽에서도 더운물이 솟아나고 또 맞은편에서는 약수가 솟아나고 있다. 이밖에도 온도가 서로 다른 온천들이 여기저기서 솟는데 지금까지 알려진 것만 해도 열두 군데나 된다. 그러므로 이 온천에 찾아오는 사람들은 누구나 자기 체질에 맞는 온도에서 목욕을 할 수 있는 것이다. 이 온천은 피부병과 위장병에 특효가 있다.

코끼리바위-달문 구역은 중평나루에서 남쪽 무수단까지의 바다풍경이 포괄된다. 이 경구에는 직장봉, 줄바위, 붓바위, 강선문, 코끼리바위, 상암회랑, 융소폭포, 다폭동, 달문, 무수단 등의 명소들이 있다.

중평나루에 나서면 동남쪽 방향으로 바닷물에 깎인 바위부리가 오솔길처럼 곧추 뻗었다. 이것을 한 줄로 뻗은 바위라는 데서 '줄바위'(현암)라고 부른다. 줄바위의 남쪽 바닷가에는 '직작봉'이 높이 솟아 있고 서쪽에는 '행렬봉'의 연봉들이 발돋움하듯이 솟아 있고 그 북쪽기슭에는 능란한 필공의 솜씨로 만들어진 한 자루의 붓과도 같은 '붓바위'(필봉)가 20m의 높이로 서 있다.

이 바위 곁에는 누운 바위들이 있는데 큰 것은 '벼랑바위', 작은 것은 벼룻물을 담아 두는 '연적바위'이다.

해칠보에 선녀들이 내렸다 하여 부르고 있는 '강선문'은 포하 앞바다의 북쪽 행렬봉 뒤 산말기에 자리 잡고 있다. 포하와 고진 앞바다에서 보면 강선문은 그리 굉장한 것 같지 않지만 곁에 가 보면 천하에 이를 만한 뛰어난 경치에 놀라움을 금치 못한다. 둘레의 산줄기가 온통 절벽으로, 깎아 세운 듯 제일 높은 산등에 거연히 일어선 강선문의 높이는 19m, 문 너비는 8m, 문턱 위 너비는 3m로서 굉장히 큰 자연돌문이다. 성문의 양 벽은 곧추 일어섰고 문턱은 활등처럼 휘어 올라 마치 옛 성벽의 문루와 도 같다. 또한 문턱바위 위에는 키 낮은 소나무들이 자라고 있어 강선문 의 풍경을 돋워 주고 있다.

필봉을 지나 고진항에 이르면 그 앞바다에 작은 재목을 무리로 세워 놓은 것 같은 '전석근'과 '후석근'이란 두 개의 섬바위가 있다. 이 두 바위 는 갈매기들의 쉼터도 되며 파도가 흰 갈기를 일으키며 들부술 때면 없 어졌다 나타났다 하면서 마치 숨바꼭질이라도 하는 것 같다.

전석근의 남쪽 바다 기슭에는 '솔봉'이 주변의 경치를 돋우어 준다. 이 솔봉 앞에는 벼랑으로 된 깎아지른 듯한 '코끼리바위'가 있는데 그 밑바 닥의 관통된 바위굴로 쪽배들이 나든다. 길이는 약 10m 되는 이곳을 '상 암회랑'이라 부른다. 이곳 바닷가에는 해칠보의 다른 곳에서는 볼 수 없 는 크고 작은 조약돌이 쭉 깔려 있다. 기나긴 세월 파도에 씻기고 갈려 닭알 모양을 이룬 돌들은 손에서 놓쳐 버릴 듯 반들거리는데 크기와 색 깔이 다르다 보니 이 세상 새알들을 한곳에 모은 전람장 같기도 하다.

여기서 서쪽으로 트인 골짜기를 들여다보면 약 200m 가까이에 주름 치마를 입은 듯한 '부채봉'이 잡힐 듯 바라보이고 그 북쪽으로 다복솔로 덮인 산비탈에 마치 탑 모양을 이룬 '만탑봉'이 있다.

코끼리바위 꼭대기에 올라 솔봉섬을 바라보면 물결이 사방으로 흰 물보라를 일으켜 비단천에 수놓은 한 떨기 흰 꽃이 만발한 것처럼 보인다.

'용소폭포'는 신의대 군락으로 이름난 운만대에 있는데 포하나루에서 뱃길로 10여 리 거리에 있다.

코끼리바위를 지나 뱃머리를 남쪽으로 돌려 개의 귀처럼 생긴 '개귀바위'와 상암회랑과 같은 바위문인 '옥화문'을 지나면 운만대나루에 이른다. 배에서 내려 서쪽골짜기로 약 2㎞ 들어가면 용소폭포의 웅장한 모습이 눈에 안겨 온다. 깎아지른 듯한 폭포의 바위벽은 그 높이가 70m, 너비가 30m에 이르고 절구통 같은 돌확의 직경은 1m나 된다.

용소폭포는 칠보산 경내에서뿐 아니라 함경북도 안에서도 으뜸가는 폭포이다. 이 폭포에는 7형제와 관련된 전설이 담겨져 있다. 용소폭포 위에 들어서면 평평한 암반 위로 흐르는 물과 모래와 돌들이 희맑아 뒹굴어도 티 하나 옮지 않을 강변에 짙은 녹음이 잘 어울린 아름다운 골짜기가 펼쳐진다. 이렇게 수려한 골짜기를 잠시 들어가면 남쪽 수풀 속에 한 줄기 물이 허공에서 쏟아지는 폭포의 모습이 나타난다.

첫 번째 폭포는 12m의 높이에서 쏟아지고 그 위에서 두 번째 폭포가 15m의 높이에서 떨어지는데 폭포 밑에는 푸른 담소까지 이루어져 있다. 그 위로 100m 거리에는 병풍처럼 둘러선 바위벽 위에서 높이 16m의 폭포가 떨어진다. 유역면적이 그리 크지 못한 산언덕에서 다부진 물이 층층이 흐르는데 맨 위의 것은 실오리 같고 중간 것은 실타래 같으며 아랫것은 비단천같이 흐르는 3대폭포는 하나의 방직순서를 보여 주는 것만 같다. 하기에 예로부터 이 3개의 폭포를 통틀어 '금직폭포'라고 부른다.

금직폭포에서 내려와 다시 원 골짜기로 얼마쯤 들어가면 10여m의 바위벽에서 '능인폭포'가 쏟아지고 그 밖에 그리 높지 않은 두 층의 폭포가 벼랑을 핥으며 떨어지는데 그 위쪽으로 25m의 높이에서 쏟아지는 '상용폭포'가 또 있다. 상용폭포는 구유통 같은 벼랑 흠으로 굽이쳐 내린 물이 밑에 검푸른 담소를 이루었는데 깊이가 9m나 된다.

이 밖에도 산을 하나 넘어 남쪽 골 안 막바지에 이르면 '바깥운만대폭포'가 20m의 바위벽에서 쏟아져 내린다. 이와 같이 해칠보의 다폭동은 비록 그 규모와 물량, 폭포수는 적지만 금강산 내금강의 만폭동이나 묘향산의 만폭동과 맞먹는 폭포경구라고 할 수 있다.

운만대에서 해안을 따라 남으로 나가면 바다 쪽으로 삐죽이 내민 돌출부가 있다. 여기가 바로 노씨 성을 가진 사람이 처음 살기 시작했다는 '노가단'(운만대)이다.

이 노가단을 벗어나면 활등처럼 휘어 들어간 해안선에 아기자기한 바위들이 수많이 늘어섰는데 10리 밖 멀리 해안에는 위인이 책상다리를 틀고 앉아 동해를 바라보는 듯한 '관음봉'이 높이 솟아 있다.

바로 이 관음봉 밑에 굴 모양이 마치도 달과 같이 생긴 '달문'이 자리 잡고 있다. 달문은 용암으로 된 칠보산 지괴의 동남쪽 끝에 있는 바위깎이 굴로서 뒤는 높은 벼랑으로 되고 앞은 수십 미터의 깊은 바다로 되어 있다. 높이 10m, 길이 8m, 너비 약 5m가량 되는 관통된 굴인 달문의 한쪽 끝은 큰 바위산에 박고 다른 한쪽 끝은 바닷물에 잠그고 있다.

사람들은 해칠보의 관문과 같이 솟아 있는 달문을 보면서 자연의 조각미에 경탄을 금치 못한다. 달같이 생겼다 하여 달문인지 여기서 달이 떴다기에 달문인지 파도가 설레는 이 자연돌문 안으로 보름달이 꽉 들어차 솟는 광경은 이 세상 어느 명승지에서도 볼 수 없는 고유한 풍경이다. 그러므로 동해에서 뜬 달이 밤새껏 있다가도 낮이면 이곳에서 쉬면서 풍치 아름다운 해칠보 구경을 했다는 옛이야기도 전해지고 있다.

　　달문은 예로부터 이곳을 지나는 항행자들에 의하여 알려지고 풍랑을 겪을 때마다 달문에 의지하여 구원을 받은 전설 많은 명소의 하나이다. 달문은 바다깎임을 받아 굴이 되고 지각地殼이 올라오면서 드러난 것이다. 이 부근에는 비교적 큰 돌문들이 있다. 현무암 벼랑에 굴이 있는 것으로 하여 더욱 가치 있는 달문은 바다깎이굴(해식굴) 연구의 좋은 대상물인 동시에 풍치 경관상 특별한 경관을 이루고 있으므로 천연기념물로 지정되었다.

　　달문을 좀 지나 바닷가에는 신통히도 용머리처럼 생긴 '용머리단'이란 바위가 있다. 주둥이를 쩍 벌린 것 같은 두 바위 사이에 혀처럼 생긴 불그스레한 돌까지 있어 용머리 모습 그대로이다. 깎아지른 충암절벽을 안고 바닷가를 한참 굽이돌면 해칠보 치고는 제일 남쪽에 자리 잡은 무수단에 다다른다.

　　바다 가운데 쑥 나앉은 무수단의 북쪽에는 높이 54m 되는 '장바위산'이 있고 남쪽에는 깎아지른 것 같은 수백 길의 바위낭떠러지가 있다. 무수단에는 남북으로 모진 바람이 몰아쳐 사철 파도가 멎을 날이 없고 동쪽 기슭에는 북에서 흘러내리는 급한 바다 물살이 부딪쳐 물 위에 무서운 소용돌이가 나타난다.

바다가 언제나 춤을 추는 것 같다 하여 '무수단'이라고 한다. 높이 78m나 되는 무수단에 오르면 동해가 아득히 펼쳐지고 아래에는 사나운 파도가 성난 사자처럼 울부짖고 새하얀 물결이 요란하게 부서지는 바다 풍경은 이곳에서만 볼 수 있다.

무수단은 동해 해류에 의해 씻기고 깎여 여러 가지 모양으로 층을 이루고 있다. 서로 다른 돌들이 격지격지 놓인 층은 25층까지 반복적으로 쌓인 곳도 있다. 무수단은 신생대 붉은 바위의 풍화 및 해식과정을 연구하는 기지가 될 뿐 아니라 해류 변동과 기후현상의 특징적인 연구대상으로 되므로 천연기념물로 지정되고 있다.

무수단에서 뛰어난 절승인 해칠보의 탐승을 끝내고 귀로에 오를 때면 수평선 아득히 저 멀리로 저녁노을이 붉게 타오르고 살같이 미끄러지는 고깃배들에서는 만선의 기쁨을 실은 뱃사람들의 흥겨운 노랫소리가 해칠보의 찬란한 풍경를 아름답게 하여 준다.

4. 칠보산의 위치

동쪽의 동해, 서쪽의 길주-명천지구대, 북쪽의 어량천 하류와 그 지류인 화성천, 남쪽의 화대천을 경계로 하고 있는 칠보산은 남북 길이가 64㎞, 동서 너비가 북부에서는 6㎞, 남부에서는 20㎞로서 넓은 지역을 차지하고 있으면서 행정구역상으로는 명천군, 화대군, 화성군, 그리고 어랑군의 일부에 걸쳐 놓여 있다.

경위도상으로 볼 때 동경 129°32′ 동쪽과 위도 40°50′ 이북에 위치하여 있다. 칠보산은 확장하여 250㎢나 되는 넓은 면적을 차지하고 있다. 그 가운데서 자연보호구 칠보산의 면적은 내칠보를 중심으로 하여 수천여 정보이다.

2002년 현재의 함경북도의 행정구역은 3시(청진시, 김책시, 회령시) 12군 (경성군, 길주군, 명천군, 무산군, 부령군, 새별군, 어랑군, 연사군, 운성군, 은덕군, 화대군, 화성군)으로 되어 있다. 이중 칠보산은 명천군, 화대군, 화성군, 어랑군에 분포되어 있고 함경북도 도청 소재지는 청진시이다.

5. 칠보산 가는 길

평라선平羅線과 원산~우암 간 1급도로를 이용할 수 있다. 명천~보촌 간, 명천~칠보산~중평 간, 화대~목진 간 도로가 개설되어 있다. 철도를 이용할 경우 평라선의 명천역에서 내려 명천군 소재지를 지나 칠보산의 관문으로 불리는 박달령을 넘어 내칠보, 외칠보, 해칠보 순위로 관광할 수도 있다. 이밖에 어랑군 어대진항에서 유람선을 타고 바다가의 해안 선에 펼쳐진 해칠보를 먼저 관광하고 외칠보, 내칠보 순위로 관광할 수 도 있다.

칠보산은 평양 순안비행장에서 직승기로 가는 방법도 있다.

▲개심사 약밤나무

▲가마바위

▲개심사 경내에서 저자

▲개심사 종

▲로적봉 안내판

▲무지개바위

▲만병초

▲백산차

▲만삼

▲서책봉

▲비자나무

▲솔바위

▲연적바위

▲장군바위 안내판 앞에서 저자

▲조릿대

▲진달래

▲삼지구엽초

▲촉석암

제2장

지형 및 토양과 기상조건

1. 지형 및 토양
2. 기상조건

1. 지형과 토양

칠보산은 백두산과 함께 신생대 제3기 말 제4기 초에 형성된 지구대로서 함경산줄기의 남단에서 동해안으로 삐어져 나와 생긴 상매봉을 주봉으로 하고 있다. 그리고 바닷가로 뻗어 내린 여러 개 산발들이 접하여 이루어졌다.

칠보산의 북쪽에는 경성만으로 흘러드는 경성천(어랑천)이 있고 남쪽에는 동해로 흘러드는 화대천이 있다. 칠보산은 백두산으로부터 울릉도에 이르는 화산 분출시에 바닷가에 형성된 산이라고 볼 수 있다.

백두산 화산 분출시에 생긴 분출한 용암이 식으면서 굳어진 사이로 세계에서도 희귀한 알칼리조면암, 유문암, 화강암, 편무암, 사암, 역암, 퇴적암 층이 깔려 있다. 복잡한 지각운동이 일어난 결과 칠보산에는 여러 가지 모양의 돌굴과 돌문, 바위단과 기둥, 단층과 협곡, 절벽이 형성되어 있다.

칠보산의 대부분은 암괴지형으로서 암석이 드러나 있는 곳이 많으며 바닷가에는 절벽들이 있다. 칠보산에서 제일 높은 산은 상매봉(해발 1,103m)이고 낮은 지대는 바다와 접해 있다. 칠보산 가운데로는 칠보산의 기본줄기가 동해로 흐르고 양쪽은 산지에서 여러 개의 작은 강줄기들이 흘러들고 있다. 칠보산의 평균경사도는 45~55°이다. 바위가 드러나 있는 일부 지역은 경사가 85° 이상 되는 지역도 많다. 서북쪽에는 박달령(762m)이 있다. 박달령의 동남쪽으로부터 자연보호구가 시작된다.

칠보산의 토양은 산림밤색토가 기본이다. 토양 형성 모암은 화강암,

현무암 등이고 토양의 기계적 조성은 여러 가지 토양 형성 모암들의 풍화에 의하여 이루어진 매흙 및 모래매흙이다. 풍화가 급속도로 이루어지고 있다.

칠보산지역의 길주명천지구대吉州明天地溝帶 지질을 살펴보자.

함경북도 남부 함경산맥의 동쪽 경사면과 칠보산지의 서쪽 경사지 사이에 형성된 낮은 부분으로 신생대 제3기에 있는 육지단절운동에서 북동~남서방향으로 놓인 두 줄기의 큰 심부단층선 사이의 좁고 긴 구역이 침강되고 그 양쪽 지괴들이 상대적으로 융기되면서 형성되었는데 여러 차례의 해침海浸을 받았다. 지구대는 김책에서 시작하여 길주, 명천, 화성을 거쳐 어랑군의 봉강과 어대진에 이른다. 길이 110㎞, 너비 18~20㎞ 되며 지질은 중생대 화강암으로서 그 위에 역암, 사암, 분사암으로 형성된 퇴적암과 염기성분출암들이 정연한 층서를 이루면서 덮여 있다. 지구대 중부에서 퇴적층의 두께는 3㎞ 되며 조개류, 골뱅이류, 물고기류 등 동물화석과 식물화석 및 석탄층이 분포되어 있다. 지구대의 대부분 지역에는 높이 200~400m의 구릉과 야산들이 있으며, 경사도는 5~10° 정도 된다. 지구대에서 가장 높은 곳은 화성군과 명천군 사이에 있는 피자령(401m)이며 여기에는 북쪽과 남쪽으로 가면서 점차 낮아져 해면에 이른다. 지구대의 남쪽으로는 길주남대천吉州南大川과 화대천花臺川이, 북쪽으로는 화성천化成川과 어랑천漁郞川이 흐르고 있다. 하천 연안에는 봉강덕, 길주장덕, 재덕, 화성장덕 등 현무암덕들이 분포되어 있으며 넓은 다락땅과 퇴적층이 발달되어 있다.

지구대 안에는 세천온천細川溫泉, 송흥온천松興溫泉, 온수평온천溫水坪溫泉과 화성선바위, 화성 제3기 조개화석층 등 천연기념물이 있다.

길주-명천지구대는 신기구조운동과 3기층연구에서 학술적 의의를 가지며 동해안의 주요 교통요지로 이용되고 있다 이 지역으로는 동해안의 북부와 남부와 이어진 도로가 통과하고 있으며 평라선철도가 설치되어 있다.

2. 기상조건

칠보산은 면적상으로 볼 때 그리 크진 않지만 특수한 지형조건으로 칠보산 안에서도 산골짜기에 따라 기후조건이 서로 다르다. 내칠보는 큰 골짜기로 이루어져 있으므로 내륙성기후의 특성을 나타내고 있다. 일 년 치고 기후의 변화는 심하지 않으나 구름이 많이 끼고 일조율이 비교적 낮으며 안개 끼는 일수도 많은 편이다.

외칠보는 비교적 높은 산봉우리와 산줄기들로 이루어져 있으므로 대륙성기후의 영향을 어느 정도 나타낸다. 연평균기온은 비교적 낮고 기온의 변화가 심하며 일조율은 중간 정도이다. 해칠보는 전형적인 해양성기후의 성질을 나타낸다. 구름양도 비교적 많으며 바닷바람의 영향도 크게 받는다. 칠보산의 연평균 기온은 6.2도이다.

칠보산은 드러나 있는 바윗돌들이 많기 때문에 겨울은 상대적으로 춥고 여름은 기온이 비교적 높다. 칠보산에서 제일 추운 시기는 1월(연평균

- 14.2°C)이고 가장 더운 시기는 8월(연평균 36.6°C)이다. 5월부터 대기온도는 높아지면서 8월까지 계속 올라가다가 9월부터는 다시 낮아지기 시작한다. 이것은 드러나 있는 바위들이 봄과 여름에 태양열을 많이 받는 것과 관련된다.

평균 비 내리는 양은 854.6㎜로서 내륙지방보다 100~200㎜ 정도 더 많다. 비 내리는 일수도 120일 정도로서 내륙지방보다 20~30일 더 많다. 연평균 비 내리는 양이 제일 많은 달은 8월(208.6㎜)이고 가장 적은 시기는 2월(26.7㎜)이다. 하루 제일 많이 내리는 강우량은 100㎜ 정도이다. 이것은 여름철 내륙지방의 마른 공기와 해칠보 바닷가의 습한 공기가 서로 합치는 사정과 관련된다.

칠보산은 지형이 복잡한 관계로 연평균바람속도는 내칠보와 외칠보에서 1.2㎧로서 비교적 약하다. 해칠보는 바다와 잇닿아 있으므로 연평균바람속도는 3.0㎧로서 비교적 강하다. 제일 강하게 부는 바람은 14~17㎧이다. 계절적으로 부는 여름의 남동풍은 해칠보에만 강하게 미칠 뿐이고 내칠보와 외칠보에는 덜 미친다. 겨울의 찬 북서풍은 박달령과 같은 큰 산줄기가 가로막혀 있으므로 그 영향이 자연보호구에는 덜 미친다. 1~3월, 10~12월은 주로 북서풍이 불고 4~9월은 대체로 동남풍이 분다.

칠보산의 연평균습도는 72%이다. 제일 높은 습도는 강우량이 가장 많은 8월에 볼 수 있는데 85% 정도이다. 그리고 제일 낮은 습도는 5월에 나타나는데 60%이다. 연평균습도의 변화과정을 보면 6월부터 8월까지는 높아지고 9월부터는 다시 낮아진다. 그러나 해칠보의 경우에는 바다와 접하고 있으므로 내칠보나 외칠보보다 항상 습도가 더 높다.

연평균일조율은 41%이다. 제일 높은 일조율은 비 내리는 양이 적은 5~6월에 볼 수 있고 가장 낮은 일조율은 강수량이 많은 여름에 나타난다. 칠보산에서 일조율이 높은 지역은 내칠보와 해칠보이며 외칠보는 적다. 맑은 날씨는 연중 76일 정도이며 흐린 날씨가 계속되는 기간은 약 102일 정도이다.

칠보산에서 첫서리는 10월 초순에 내리고 마감서리는 4월 중순에 내린다. 서리 없는 기간은 168~175일이다. 땅은 10월 중순에 얼기 시작하고 4월 중순에 다 녹는다. 땅은 5~35cm 깊이까지 언다. 깊은 산지는 떨어진 잎이 덮여 있기 때문에 비교적 얇게 언다.

● 칠보산지구의 기후 특성

적산온도 (°C)		지속시간 (일)		서리날짜 (월일)	
5°C 이상	10°C 이상	5°C 이상	10°C 이상	첫 서리	마감서리
3077 ~ 3320	2775 ~ 2998	205 ~ 223	164 ~ 174	10. 23	4. 18

기온 (°C)			강수량 (mm)	
한해 평균	1월 평균	8월 평균	한해 평균	4~10월 평균
6.5 ~ 8.5	-9.7 ~ -5.3	21.2 ~ 22.1	624.1 ~ 697.6	525.2 ~ 573.9

제3장

자연과
자연보호구

1. 자연
2. 자연보호구

1. 자연

칠보산은 백두산에서 울릉도에 이르는 백두화산대의 분출암으로 되었다. 돌물이 솟아나와 식으면서 굳어진 현무암, 유문암, 알칼리조면암 곳곳에 흑요석, 진주암도 있다. 암석들로 이루어진 칠보산군층의 전체 두께는 1,000~2,000m나 된다. 남북의 길이가 64㎞, 북쪽의 동서 너비 6㎞, 남쪽에서 20㎞나 된다. 남북방향의 두 줄기의 큰 평행단층선 사이에 끼여서 융기된 것이다. 남쪽에서 그 너비가 넓어진 것은 이곳에서 용암 분출에 의해서 용암이 흐르면서 넓어짐과 동시에 용암이 쌓이면서 높아졌기 때문이다. 그러므로 칠보산 지루의 높이는 북쪽에서 700m 정도이고 남쪽에서 1,000m 정도로 되었다.

칠보산 지루는 형태적으로 하나의 지루로 볼 수 있지만 동쪽 바닷가에 있는 보촌리와 서쪽에 있는 황곡리를 연결하는 위도선 방향을 경계로 해서 북부와 남부가 서로 다른 두 개의 지형 단위로 되었다. 북부는 중생대 화강암으로 되어 있지만 남부는 화산지형이다. 이것을 칠보화산이라고 한다. 칠보화산의 남부 일대는 현무암과 평원한 대지가 넓게 발달되었다. 칠보화산의 화산추들은 기나긴 세월 비바람에 깎여 그 형태가 뚜렷하지 못하다.

지금 화산추들은 2개인데 그 하나가 칠보산이고 다른 하나는 하매봉(1,045m)이다. 칠보산은 두께가 500m 정도 되는 두터운 유문암으로 되었다. 화산추의 남쪽에는 유문암이 황반암으로 이행하고 있는데 이것은 이곳이 화구였다는 것을 보여 준다. 칠보화산에서는 수평을 이룬 분출암이 침식된다. 남쪽은 반듯한 면이 높은 데 있는 것을 볼 수 있는데 만월대, 희망대, 금강대, 회상대 등이 바로 그것이다.

칠보산에는 굴도 많다. 그것들은 유문암, 조면암 등 굳은 암석 사이에 있던 부슬부슬한 응회암이 씻겨 나가 생긴 굴인데 금강굴, 강선굴, 용신굴, 박쥐굴 등이 있다. 또한 폭포도 많다. 구룡폭포와 용소폭포, 깃당폭포 등이 있다. 칠보산 바닷가는 북부와 남부 사이에 형태학적 차이로 바닷가 남부는 해안선이 단조롭고 바닷물에 깎인 벼랑들이 대단히 많지만 북부에는 황진만, 양화만, 삼포만, 작은 구미만, 재창구미만, 지서구미만 등 만입들과 돌출부들이 연이어 엇바뀐다.

바닷가 남부에는 신제3기의 상신대에 분출한 화성암들이 현무암, 조면암, 유문암, 그리고 응회암과 응회질집피괴암들로 되었는데 이 분출암들은 거의 수평으로 층을 이루어 대지를 형성하고 있다. 화성암들은 수직 절리면을 가지고 있기 때문에 바닷물에 깎이면 벼랑으로 된다.

북부는 유라기에 관입한 화강암으로 이루어졌다. 화강암은 광물조성이 고르기 때문에 바닷물에 균일하게 깎인다. 칠보산은 동해안 지대가 해발높이 200m밖에 지나지 않는데 서북쪽은 2,000m 이상의 높은 함경 산줄기가 둘러싸고 있으므로 해양성기후의 영향을 많이 받는다.

2. 자연보호구

북한이 1976년 이 산 일대를 명승지 제17호 자연보호구역으로 지정했다. 명천읍에서 남쪽으로 약 20㎞ 보촌리에서 북쪽으로 약 18㎞ 떨어져 있다. 칠보산은 경치가 아름답고 식물과 동물이 풍부하므로 자연보호구로 설정되었다. 보호구 면적은 약 5,000정보이다. 보호구의 제일 높은 산은 칠보산(659m)이다. 보호구 안에는 여러 가지 식물과 동물이 많은데 이것은 칠보산지의 지형, 기후 같은 자연조건과 관련되어 있다.

보호구 안에는 오봉산, 로적봉, 종각봉, 만사봉, 만월대, 해망대, 만물상, 장군바위 등이 있고 낭떠러지가 많다. 자연보호구의 한 해 평균기온은 7.4℃이고, 가장 추운 1월 평균기온은 -7.8℃, 가장 더운 8월 평균기온은 21.4℃이다. 한 해 강수량은 668㎜로서 작은 편이다. 기후에서 특징적인 현상은 상대습도가 높고 구름 끼는 날과 안개 끼는 날이 많은 것이다. 한 해 상대습도는 72%이며 가장 좋은 7월에는 83~85%에 이른다. 여름에는 흐린 날이 평균 27일이며 안개 끼는 날은 평균 35일이다.

보호구의 토양은 모암과 기후, 식물상의 특성으로부터 밤색 토양으로 이루어져 있다. 보호구에는 여러 가지 식물과 동물이 분포되어 있다. 칠보산 자연보호구는 칠보산의 자연경치와 자연수원을 보존하며 우리나라 동해안 북부 일대의 식물분포 생태연구에서 중요한 의의를 가진다. 보호구의 기묘한 지형들, 남방계층의 식물들, 송이버섯, 고사리 같은 식물자원, 이로운 짐승들과 물고기자원을 보호 대상으로 한다. 칠보산 자연보호구로 1976년에 지정하여 생태보호를 하고 주봉인 오봉산록엔 휴양소를 설치했다.

보호구는 함경산줄기와 마천령산줄기가 겨울에 찬 북서풍을 막아 주고 동쪽으로부터 바다의 영향을 받으므로 내륙지대에 비하여 겨울 기온이 높으며 비교적 따뜻하다. 그러므로 식물상이 매우 풍부하고 다양하며 특히 남부계통 식물들이 많이 퍼져 있다.

대표적인 남부계통 식물은 강원도와 경기도, 황해남북도와 평안남도 일대에서 자라는 약밤나무와 정향풀, 제주도와 울릉도, 변산반도 일대에서 자라는 파초일엽과 돌가시나무 등이다. 이밖에 참오동나무, 개나리와 같은 식물들도 자라고 있다.

보호구에는 신갈나무, 피나무, 물푸레나무, 사시나무, 들메나무, 갈매나무, 느릅나무 등을 기본으로 하는 넓은잎나무숲과 소나무숲이 있다.

칠보산자연보호구에는 송이버섯을 비롯하여 고사리, 더덕, 잔대, 얼레지, 기름나물, 원추리, 참나물 등 산나물과 삼지구엽초, 오미자, 삽주 등 약용식물이 많다. 또한 노루, 삵, 곰, 너구리, 족제비, 고슴도치, 청서 등 산짐승들과 알락할미새, 노랑할미새, 찌르레기, 당청무, 티티새 등 철 따라 오가는 새들과 수리부엉이, 딱새, 나무발바리 등 이로운 새들이 많다.

칠보산자연보호구에는 또한 미끈도마뱀, 누룩뱀, 늘메기, 구렁이 등 파충류와 두꺼비, 청개구리, 옴개구리, 발톱도롱뇽과 같은 양서류들이 있다. 보호구 안으로 흐르는 보촌천에는 학술적 의의가 큰 가시고기와 황어, 종개, 매자 등 20여 종의 물고기들이 있다. 보호구에는 나비류, 방구퉁이류, 애기벌류, 개미류, 기생파리류, 점벌레류 등 벌레들이 살고 있다.

칠보산자연보호구에 있는 개심사약밤나무, 고진소나무, 명천오동나무, 금강봉과 금강굴 등은 천연기념물들로 지정되어 보존되고 있다.

▲고진 소나무

▲갈매나무   ▲갈매나무 열매

▲명천 오동나무

▲신갈나무

▲개심사 약밤나무 표지판

▲피나무

제4장

칠보산의
산림

1. 칠보산의 주요 산림식물 자원
2. 주요 식물 자원
3. 주요 동물 자원

1. 칠보산의 주요 산림식물 자원

칠보산에 분포된 산림식물 자원은 종적 구성이 다양할 뿐 아니라 그 자원 양도 풍부하다. 침엽수림의 면적은 45.7%, 활엽수림의 면적은 54.3%를 차지한다. 칠보산에 분포된 산림식물의 나이는 일반적으로 인 공 숲은 어리고 자연 숲은 높은 것이 특징이다. 칠보산의 주요 나무들의 나이급별 축적 구성 상태는 <표 4-1>과 같다.

● 〈표 4-1〉 주요 나무들의 나이급별 축적 구성 상태

(단위 : %)

나무 이름	I	II	III	IV	V	VI
소나무	0.1	15.3	78.4	6.1	0.1	
참나무	0.1	0.4	3.6	30.3	53.1	12.5
잎갈나무	2.9	33.3	63.8			
옻나무				34.3	65.7	
사시나무		1.4	7.3	91.3		

<표 4-2>에서 보는 바와 같이 소나무는 한참 자라는 산림인데 III나이 급에서 축적이 제일 많다. 참나무는 자연 숲으로서 일반적으로 나이가 많은데 V나이급의 축적이 많다. 잎갈나무는 주로 인공 숲으로서 한참 자라고 있는데 III나이급의 축적이 많다. 사시나무의 대부분은 IV나이급 인데 붓나무는 IV~V나이급으로서 V나이급의 축적이 많다.

● 〈표 4-2〉 주요 나무 종류별 축적 구성 상태

(단위 : %)

	나무 이름	총축적에 대한 비율		나무 이름	총축적에 대한 비율
1	소나무	51.74	5	느릅나무	0.05
2	잎갈나무	1.6	6	사시나무	0.4

| 3 | 참나무류 | 45.6 | 7 | 붓나무 | 0.6 |
| 4 | 아카시아나무 | 0.01 | | | |

침엽수의 축적은 53%, 넓은잎나무의 축적은 47%인데 나무 종류별 축적 구성 상태는 <표 4-2>와 같다. <표 4-2>에서 보는 바와 같이 소나무와 참나무류의 축적은 97.6%로서 가장 많이 분포되어 있다. 이 밖의 나무들은 골고루 분산되어 있다.

칠보산에는 경제식물 자원이 풍부하다. 칠보산에는 섬유 · 종이 원료 식물인 뽀뿌라나무(포플러), 황철나무, 사시나무 등이 있으며 적습한 골짜기와 산기슭에는 노박덩굴을 비롯한 나무껍질을 이용하는 식물도 자라고 있다. 칠보산에는 또한 기름 원료식물인 가래나무, 잣나무, 개암나무 등도 분포되어 있다. 칠보산에는 산과일 자원도 풍부하다. 산과일나무로는 살구나무, 머루나무, 다래나무 등이 분포되어 있는데 특히 도토리자원이 풍부하다.

칠보산에 분포되어 있는 약 원료자원으로서는 산삼, 당귀, 땅두릅, 삼지구엽초, 승마, 오미자, 족두리풀, 함박꽃, 산련풍, 면마, 은방울꽃 등이 있다. 향료 원료로는 백리향, 은방울꽃, 정향나무 등이 자라고 있으며 산나물 자원으로는 고사리를 비롯한 여러 종류들이 자라고 있는데 해칠보 운만대구역에는 4,000여 정보의 고사리밭이 있다.

2. 주요 식물 자원

칠보산은 그 지리적 위치와 자연환경으로 하여 식물상이 매우 풍부한 것이 특징적이다. 바다에 접해 있는 칠보산은 동해의 영향을 받아 함경 북도에서 기후조건이 가장 따뜻한 지역이다. 그러므로 남부지방에서 사는 식물들이 적지 않게 들어와 자라고 있다. 강원도와 경기도, 황해남도와 평안남도에서 자라는 약밤나무가 개심사 뜨락에서 자라고 정향풀도 자라고 있다. 제주도와 울릉도, 변산반도와 같은 곳에서 자라는 파초일엽과 돌가시나무도 자라고 있어 명승지 칠보산의 풍치를 더욱 돋우어 주고 있다.

칠보산에는 많은 나무들이 자라고 있으므로 철 따라 명승지 칠보산을 색다르게 단장해 주고 있다. 칠보산에는 넓은잎나무림, 소나무단순림이 많다. 넓은잎나무림을 이루고 있는 나무들로는 신갈나무, 피나무, 물푸레나무, 사시나무, 갈매나무, 느릅나무, 들메나무 등인데 우거진 나무 그늘의 서늘한 여름의 풍치도 좋지만 울긋불긋 단풍이 물들어 비단산으로 단장한 칠보산의 가을 풍경은 더욱 좋다.

떨기나무들로서는 기암절벽에 붉게 피어 봄을 먼저 알리는 진달래와 연분홍색 꽃을 피워 나비와 벌을 부르는 병꽃나무, 싸리나무 등을 비롯하여 까치밥나무, 딱총나무 등이 있다.

소나무와 참나무류를 기본으로 하는 혼성림에는 소나무, 신갈나무, 상수리나무, 떡갈나무, 단풍나무, 물푸레나무, 황경피나무, 자작나무, 시닥나무, 피나무, 고로쇠나무, 층층나무 등이 자라고 있다.

소나무단순림은 남쪽 비탈면의 산기슭과 산허리에 퍼져 있다. 소나무림에는 신갈나무, 떡갈나무, 사시나무를 비롯한 다른 넓은잎나무들이

매우 드물게 섞여 자라고 있다

칠보산에는 송이버섯과 산나물 자원이 많다. 송이버섯은 소나무림에서 8월 하순부터 9월 상순까지 돋는다. 송이버섯과 함께 양지바른 소나무림 기슭과 산허리의 넓은 면적에는 고사리가 돋는다. 이 밖에 더덕과 잔대도 많이 난다. 단풍나무, 고로쇠나무, 물푸레나무, 황경피나무 등과 같은 넓은잎나무와 소나무가 섞여 자라는 혼성림 아래 산기슭 반 그늘진 곳에는 더덕과 딱지꽃 등이 많이 자라고 있다 .

산골짜기와 산기슭에는 얼레지, 기름나물, 뚝갈, 원추리, 마타리를 비롯하여 둥글래, 참나물, 참나리, 말굴레 등이 자라고 있다. 칠보산에는 산열매와 노박덩굴이 매우 풍부하다. 넓은잎나무림과 산골짜기마다에는 왕머루가 많이 퍼져 있다. 특히 다래나무와 좀다래나무는 넓은 면적에 퍼져 있다. 이 밖에 산기슭의 양지바른 곳에는 개암나무가 자라고 산중턱에는 물개암나무들이 퍼져 있다. 또한 칠보산 골짜기와 산기슭에는 노박덩굴이 한벌 뒤덮여 있다. 또한 칠보산에는 삼지구엽초와 오미자, 삽주를 비롯한 약초자원도 많다.

3. 주요 동물 자원

명승지 칠보산에는 자연지리적 환경이 유리하기 때문에 아름다운 조류들과 나비류들, 그리고 여러 가지 산짐승류와 파충류, 양서류들이 많이 살고 있다. 칠보산에는 아름다운 여러 가지 새들이 많이 살고 있으며 철 따라 오가는 새들이 적지 않다.

3~4월에는 따뜻한 지방에 가서 겨울을 난 여름새들이 오기 시작한다. 제일 먼저 오는 새는 알락할미새, 노랑할미새, 찌르레기 등이다. 뒤이어 당청무, 유리딱새, 흰허리딱새, 노랑허리솔새 등 많은 종류의 새들이 날아든다.

　5월이 되면 여름새들이 거의 다 오고 겨울을 난 티티새, 검은빛티티새들이 떠나간다.

　5~6월이 되면 칠보산 일대에는 큰새매, 황조롱이, 꿩, 들꿩, 메추리, 낭비둘기, 알락딱따구리, 굵은부리까마귀, 물까치, 어치, 방울새, 굵은부리박새, 깨새동고비, 나무발발이, 딱새, 긴꼬리양진이, 노랑턱메새, 물쥐새 등 머무르는 새들과 물까마귀, 알도요, 뻐꾸기, 물촉새, 꾀꼬리, 금상모박새, 유리딱새, 노랑머리솔새, 휘파람새, 알락할미새, 찌르레기, 당청무, 밀화부리 등 여름새들이 있다.

　새들은 6~7월 사이에 칠보산에서 새끼치기를 하여 가을에는 여름새들이 떠나가기 시작한다. 뻐꾸기는 8월 초에 떠나고 뒤이어 대부분의 여름새들이 겨울나기 터로 떠난다.

　10월에는 티티새, 검은빛티티새를 비롯한 겨울새들이 오기 시작한다. 칠보산에서 사는 새들 중에는 명승지의 자연환경을 보호하는 수리부엉이, 티티새, 나무발발이, 찌르레기 등 이로운 새들도 많다.

　칠보산에는 명승지의 자연 풍치를 장식하여 줄 뿐 아니라 식물의 수분작용을 돕는 크고 작은 아름다운 나비류들이 많다. 산검은범나비, 산흰나비, 노랑나비, 실뱀눈나비, 먹그늘나비, 작은수두나비, 오색나비, 팔자나비, 은별표문나비, 한줄나비, 노란깃수두나비, 제비숫돌나비, 별희롱나비 등이 있는데 이것들은 모두 이로운 나비들이다.

또한 칠보산에는 해로운 벌레들을 잡아먹으며 산림과 식물을 보호해주는 돌방구룽이, 붉은점점벌레, 메길당나귀, 마당잠자리, 개미 등 이로운 벌레들과 해로운 벌레들을 잡아먹는 동나비기생애기벌, 범나비애기벌, 송충검은애기벌, 밤나무애기벌, 붉은가는배애기벌 등도 있다.

칠보산에는 30여 종의 산짐승들이 살고 있는데 노루, 멧돼지, 삵, 곰, 너구리, 여우, 족제비, 오소리, 수달, 산토끼 등 비교적 큰 짐승류들을 비롯하여 고슴도치, 청서, 따쥐, 두더지, 다람쥐, 함북쇠박쥐 등 작은 짐승류들도 살고 있다. 그리고 범, 표범, 늑대, 승냥이, 시라소니 등 크고 사나운 짐승들도 나타나곤 한다.

칠보산 일대의 골짜기들에는 물이 흐르므로 여러 종류의 양서류들이 살고 있다. 파충류로서는 미끈도마뱀, 표문도마뱀, 긴꼬리도마뱀, 흰줄도마뱀 등과 누룩뱀, 실뱀, 밀뱀, 늘메기, 구렁이, 섬사, 꼬리줄무늬뱀, 살모사 등 뱀류들이 살고 있다. 이 파충류들은 해로운 벌레와 쥐를 잡아먹는다. 또한 두꺼비, 청개구리, 옴개구리, 참개구리, 비단개구리 등 개구리류와 도롱뇽, 발톱도롱뇽 등 양서류들이 살고 있는데 이것들은 해로운 벌레를 잡아먹으므로 산림조성에 매우 이로운 동물이다.

명승지 칠보산에는 수정같이 맑은 물이 흐르는 골짜기들이 수없이 많다. 동해로 흘러드는 보촌천에는 황어, 가시고기, 매자, 뚝중개, 빙어, 송어, 연어, 버들치, 종개, 산종개, 하늘종개, 붕어 등을 비롯하여 20여 종의 물고기들이 살고 있다. 특히 보촌천에서 사는 사시고기는 그 생김새와 생활습성이 특이하므로 학술연구에서 의의 있는 물고기이다.

이렇듯 풍만하고 다양한 자연자원은 명승지 칠보산의 풍치를 더욱 아름답게 장식하여 줄 뿐 아니라 국토의 환경보호 및 학술적 연구에서 의의가 크므로 국가적으로 '칠보산자연보호구'로 지정되어 있다.

칠보산은 자연이 창조한 최고의 예술품으로 꼽아도 손색이 없다. 한 폭의 동양화를 연출하고 있다. 미국 유타주 남부 브라이스 캐니언Bryce Canyon의 화려함과 비슷하며 바위 예술의 집합체이다.

▲단풍나무

▲떡갈나무

▲땃두릅나무

▲상수리나무

▲층층나무

▲아카시아나무

▲정향나무

▲은방울꽃

제5장

특산식물

1. 독뿌리풀
2. 노랑돌쩌귀풀
3. 신의대
4. 할미질빵
5. 종덩굴

칠보산에는 독뿌리풀, 종덩굴, 노랑돌쩌귀풀, 할미질빵, 신의대, 진교 등 여러 종의 우리나라 특산식물이 있다.

1. 독뿌리풀 (미치광이풀 Scopolia parviflora) : 가짓과

독뿌리풀은 칠보산 외칠보의 강성문 주변과 가인골 부근에 퍼져 있다. 주로 부식질이 많고 습기 적당한 반 그늘진 곳에 자라고 있다. 독뿌리풀은 여러해살이풀이며 줄기는 높이 30~60㎝ 정도이다. 뿌리줄기는 살지고 옆으로 뻗으며 마디 모양을 이룬다.

어린줄기는 보라색을 띠고 잎은 어긋나며 긴 타원형이거나 넓은 버들 잎 모양이다. 꽃은 5월경 잎 짬에 피는데 보랏빛 붉은색의 종 모양이다. 꽃잎은 꽃통을 이루는데 끝부분이 5갈래로 약간 갈라진다. 수꽃술은 5개이고 암꽃술은 1개이다. 열매는 둥근 튀는열매(삭과)이고 익은 후에도 꽃받침이 붙어 있다. 뿌리줄기는 7~8월경에 캐어 햇볕에 말린 것을 한약에서는 낭탕근이라고 하며 약재로 쓴다. 주로 진정진통제로 눈동자를 크게 하는 데 이용한다.

독뿌리풀은 독성이 있으므로 생것으로 쓰는 경우 주의해야 한다. 번식은 씨앗 또는 뿌리줄기로 한다. 뿌리줄기의 매 마디를 잘라 심으면 번식이 잘된다.

2. 노랑돌쩌귀풀 (백부자 Aconitum koreanum) : 바구지과

칠보산 여러 지역의 산기슭, 산골짜기 등에 자라고 있다. 주로 부식질

이 많고 양지바른 곳에 퍼져 있다. 여러해살이풀이다. 덩이뿌리는 고깔
모양으로 실하다. 보통 2개의 굵은 덩이뿌리가 있고 거기에 수염뿌리가
나온다. 줄기는 가늘고 길며 모가 나고 높이는 70~90cm이다. 잎은 어긋
나고 꽃은 노란색으로 피는데 송이꽃차례(총상화서)를 이룬다. 꽃잎은
없고 꽃받침은 5개이며 위의 것은 투구 모양으로 되어 있다. 열매는 튀
는열매이며 늦은 가을에 익는다.

노랑돌쩌귀풀의 덩이뿌리는 봄과 가을에 캐서 쪄서 약재로 쓴다. 덩
이뿌리는 아코니틴 계통의 독한 알칼로이드 성분이 있으며 신경통, 중
풍 등에 쓴다. 번식은 씨앗 또는 덩이뿌리로 한다.

◀노랑돌쩌귀풀

3. 신의대 (Sasa coreana) : 벼과

신의대는 칠보산 바다 기슭인 운만대에 무리지어 있으며 명천군 포하리의 무치골에까지 분포되어 있다. 신의대는 우리나라 참대류 가운데서 북부한계선을 이루는 지역에 분포되어 있으므로 학술상 의의가 크다. 그러므로 우리나라에서는 운만대 신의대 군락을 천연기념물로 제정하고 적극 보호하고 있다.

신의대는 높이 25~150㎝ 정도 자라는 사철 푸른 여러해살이 떨기나무이다. 땅속줄기는 가지를 많이 치며 거기에서 줄기가 나와 포기를 이룬다. 잎은 줄기나 가지 끝에 5~8개씩 나오며 닭알 모양의 타원 모양이거나 긴 타원 모양이다. 앞의 끝은 뾰족하고 밑은 심장 모양이며 뒷면 잎줄

◀신의대

에 비단털이 있다. 잎 변두리에는 보통 가시 모양의 털이 있다. 꽃은 이삭모양 꽃차례가 다시 모여 고깔 모양 꽃차례를 이루고 핀다.

신의대의 번식은 주로 포기가름이나 뿌리줄기가름으로 한다. 자연적으로 번식이 잘된다. 신의대는 관상용으로 심으며 또 여러 가지 세공품 원료로 이용한다. 잎은 약재로 쓴다.

* 신의대 군락

해칠보 목진구역에는 운만대와 노가단이라는 곳이 있다. 목진구역은 운만대에서 촉석봉까지 4㎞의 구간에 펼쳐진 명승지로서 행정구역상으로는 화대군 목진리에 속해 있다. 운만대란 예로부터 일 년 치고 구름이 끼지 않는 날이 거의 없다는 데로부터 생긴 이름이다. 운만대에서 남쪽으로 가면 바다 쪽으로 삐죽이 내민 돌출부가 있는데 여기가 바로 노씨 성을 가진 사람이 처음 살기 시작했다고 하여 이름 지은 노가단(운만대단)이다. 이 돌출부의 제일 끝부분을 노가끝이라고 한다.

운만대에는 신의대 군락(신의대부리)이라는 참대가 자라는 숲이 있다. 신의대 군락 주변에는 소나무, 참나무, 물푸레나무, 피나무, 개암나무 등이 자라고 있으며 신의대는 보통 한 정보에 약 30만 그루가 자라고 있다. 신의대의 땅속줄기는 가지를 많이 치며 줄기는 4년 정도 자라는데 그 크기는 약 50~150㎝이고 대 안의 구멍 직경은 2㎜이다. 잎은 끝이 뾰족하고 길쭉한 모양이며 5~8개의 줄기 끝에 두 줄로 붙어 있다.

운만대를 중심으로 5개 지점에 퍼져 있는 여러 정보의 신의대는 우리

나라 대과식물종에서 제일 북쪽(북위 40°55') 지역에서 자라는 식물인 것
만큼 천연기념물의 하나로 되고 있다.

4. 할미질빵 (Clematis trichotoma) : 바구지과

할미질빵은 칠보산의 길가 밭 주변, 산기슭의 양지바른 곳에 퍼져 있
다. 할미질빵은 잎이 지는 작은 덩굴나무이다. 줄기는 1~2m 정도 길게
뻗으면서 자라고 성기게 가지를 치는데 풀색이다. 잎은 3개의 쪽잎으로
된 겹잎이며 쪽잎은 닭알 모양이고 변두리에 에움 모양의 성긴 톱니가

◀할미질빵

있다. 꽃은 잎 짬에 7~8월경 성긴 꽃차례를 이루고 직경 15~20㎜로 핀다. 꽃받침잎은 꽃잎 모양이고 4개인데 십자 모양으로 버그러졌으며 꽃잎은 없다. 열매는 여윈열매이며 9~10월에 익는다.

암꽃술대는 꽃핀 후에 자라서 꼬리 모양으로 되며 흰색의 깃 모양 털이 있다. 할미질빵의 어린잎은 산나물로 먹으며 먹이식물로도 이용한다. 번식은 주로 씨앗으로 한다. 땅에 대한 요구가 높지 않으므로 빈 공지에도 심을 수 있다.

5. 종덩굴 (세잎종덩굴 Clematis koreana) : 바구지과

종덩굴은 칠보산 내칠보의 산기슭, 풀밭 주변에 드물게 퍼져 있다. 잎이 지는 덩굴 모양의 작은 떨기나무이다. 흔히 다른 물체를 감아 오르면서 자란다. 잎은 3개의 쪽잎으로 된 겹잎이고 쪽잎은 넓은 닭알 모양이며 변두리에 고르지 못한 톱날 모양의 에움이 있다.

꽃은 8월경 1~2개씩 잎 짬에서 나온 꽃꼭지 끝에 아래로 드리워 핀다. 꽃받침은 꽃잎보다 길며 잿빛 밤색이거나 연한 보라색이다. 열매는 여윈열매이며 가을에 익는다. 종덩굴의 어린잎은 산나물로 먹는다. 종덩굴은 꽃이 아름답기 때문에 관상용으로 심기도 한다. 종덩굴의 번식은 주로 씨앗으로 한다.

칠보산은 식물상이 매우 다양하고 풍부하다. 주로 소나무, 떡갈나무, 피나무, 물푸레나무 등 넓은잎나무숲으로 되었다. 남부계층의 식물도 있다. 그 가운데 운만대 신의대 군락과 200년 이상 자란 약밤나무, 8m 높이의 물푸레나무, 머루, 다래와 같은 산과실, 송이버섯, 약초와 산나물 이 많다.

제6장

희귀한 식물

1. 가침박달
2. 흰말채나무
3. 송이버섯
4. 알록제비꽃
5. 제비분꽃
6. 자주단너삼
7. 왕팽나무

칠보산에는 가침박달, 알록제비꽃, 갯메꽃, 제비붓꽃, 눈산승마, 흰말
채나무 등 희귀한 식물들과 송이버섯 등 경제적으로나 학술적으로 의의
가 있는 식물들이 자라고 있다.

1. 가침박달 (Exochorda serratifolia) : 조팝나무과

내칠보의 산기슭, 산골짜기의 양지바른 곳에 드물게 퍼져 있다. 잎이
지는 떨기나무이며 줄기는 높이 1~1.5m 정도 자란다. 가지는 약간 붉은
색을 띤 밤색이다. 잎은 어긋나고 거꿀버들잎 모양이거나 긴 타원 모양
이며 뒷면은 흰색을 띤다. 꽃은 5월경에 송이꽃차례를 이루며 5~6송이
로 피는데 희며 꽃대는 짧다. 수꽃술은 많고 암꽃술은 5개이다. 열매는
튀는열매이며 9월경에 익는다. 씨앗은 납작하고 날개가 있다. 가침박달

▲가침박달

은 꽃이 크고 시원하며 아름답기 때문에 관상용 식물로 심는다. 번식은
씨앗으로 한다.

2. 흰말채나무 (Cornus alba) : 층층나무과

칠보산의 상매봉으로 가는 깊은 골짜기에 드물게 퍼져 있다. 흰말채
나무는 떨기나무이며 줄기는 높이 3~4m 정도 자란다. 2년생 가지는 붉
은색을 띠며 겨울 기간에 더 진한 색을 나타낸다. 잎은 마주나고 타원
모양이거나 넓은 닭알 모양의 타원 모양이며 뒷면은 흰색이다. 꽃은 6
월에 우산 모양의 갈래꽃차례를 이루고 흰색으로 핀다. 열매는 타원 모
양의 굳은씨열매이며 8월에 하늘색, 또는 드물게 흰색으로 익는다. 꽃
이 곱고 나뭇가지가 보기 좋으므로 관상용으로 널리 심고 있다. 번식은

▲ 흰말채나무

주로 씨앗으로 한다. 햇빛을 즐긴다.

3. 송이버섯 (Tricholoma matsutake) : 송이버섯과

칠보산 거의 모든 지역의 소나무숲에 퍼져 있다. 송이버섯의 갓은 처음에 둥근 모양, 반둥근 모양이고 후에는 평평하게 퍼지는데 직경 8~20㎝ 정도이다. 버섯갓의 겉면은 밤색이며 가운데는 더 진한 색을 띤다. 버섯갓의 변두리는 안쪽으로 말리며 버섯주름은 빽빽한데 폭이 넓고 흰색이다. 버섯대는 길이 10~20㎝ 직경 1.5~3㎝이며 버섯가락지가 있다.

가락지는 솜털 모양이다. 가락지 위쪽은 흰색이고 아래쪽은 진한 밤색의 섬유 모양의 비늘로 덮여 있다. 포자는 넓은 타원 모양이고 매끈하며 포자무지는 흰색이다. 송이버섯은 식용과 여러 가지 약원료로 이용한다.

▲송이버섯

4. 알록제비꽃 (Viola variegata) : 제비꽃과

내칠보의 옥태봉 주변과 외칠보의 장수산 주변의 넓은잎나무숲 속에 드물게 퍼져 있다. 여러해살이풀이며 높이는 5~12㎝ 정도이다.

잎은 뿌리목에 모여 나고 둥그스름한데 밑 부분은 심장 모양이며 끝은 둥그스름하다.

변두리에는 물결 모양의 푹 들어간 부분이 있다. 잎 앞면은 어두운 풀색이지만 잎줄 윗부분은 희읍스름하며 뒷면은 보라색을 띤다. 꽃은 5월경 꽃줄기 끝에 1개씩 핀다.

열매는 튀는열매인데 타원 모양이며 6월에 익는다. 관상용으로 심을 수 있다. 번식은 주로 씨앗으로 한다. 토양에 대한 요구성이 그리 높지 않으며 주로 그늘진 곳에서 자란다.

▲알록제비꽃

5. 제비붓꽃 (Iris laevigata) : 붓꽃과

해칠보 산지대의 누기 많은 땅, 습지에 퍼져 있다. 여러해살이풀이며 줄기는 높이 50~70㎝ 정도 된다. 줄기의 밑 부분에 나는 잎은 두 줄로 납작하게 붙고 줄기 높이의 절반에 올라가서 1개씩 자라고 있다. 잎은 줄모양이고 길이 40~60㎝, 너비 2~3㎝ 정도이며 밑 부분은 줄기집을 이룬다. 꽃줄기는 갈라지지 않으며 꽃은 5월경에 보통 3개씩 핀다.

◀제비붓꽃

꽃은 직경 12cm 정도로 크고 겉꽃 위쪽은 진한 보라색이며 꽃울뿌리눈은 누르스름한 색이다. 열매는 튀는열매이고 세모난 타원형이며 익으면 세 쪽으로 갈라진다. 꽃이 곱기 때문에 관상용으로 키운다. 번식은 씨앗 또는 포기가름으로 한다.

6. 자주단너삼 (자주황기 Astragalus dahuricus) : 콩과

칠보산 해칠보의 산지대 풀밭에 드물게 퍼져 있다. 여러해살이풀이고 줄기는 높이 20~60cm 정도 자라며 가지를 많이 친다.

잎은 어긋나며 11~19개의 쪽잎으로 된 홀수깃모양 겹잎이다. 쪽잎은 타원 모양이거나 긴 타원 모양이며 뒷면에 흰색의 길고 연한 털이 있다. 꽃은 7~8월에 송이꽃차례를 이루고 보라색으로 핀다.

꼬투리열매는 둥근 기둥 모양이며 9~10월에 검은색으로 익는다. 자주단너삼은 약재로 쓴다. 식물체는 집짐승 먹이로 이용한다.

7. 왕팽나무 (Celtis koraiensis) : 느릅나무과

칠보산의 청학동에서 마전동 방향의 골짜기를 따라 300m 정도 떨어진 동남산 기슭의 산중턱에 퍼져 있다. 잎이 지는 작은키나무이며 줄기는 높이 10m 정도이다.

잎은 어긋나고 이그러진 넓은 닭알 모양이며 밑 부분은 꼬리 모양으로 뾰족하다. 잎의 변두리는 밑 부분을 내놓고는 안으로 굽은 커다란 통 네움이 있다. 꽃은 5월 초순에 잎 짬에 1개씩 핀다.

열매는 굳은씨열매이며 9월경에 어두운 감색으로 익는다. 번식은 씨앗으로 한다. 부식질이 많고 해가 잘 비치는 산기슭에서 잘 자란다.

제7장

식물상

1. 칠보산의 일반 식물상
2. 내칠보의 식물상
3. 외칠보의 식물상
4. 해칠보의 식물상
5. 칠보산지역 식물상의 종 구성 특성

1. 칠보산의 일반 식물상

칠보산은 세계 식물구계의 견지에서 보면 전북구全北區의 동부아시아구에 속하고 우리나라 식물분포구에서는 온대성식물분포구에 속한다.

칠보산은 지질구조가 복잡하고 기후조건의 다양성으로 식물의 분포와 종 구성에서도 일련의 특성을 가지고 있다. 칠보산 식물피복植物被覆의 구성에서 기본은 소나무숲, 신갈나무숲, 소나무-신갈나무 혼효림이며 이 밖에 신갈나무-사시나무숲, 신갈나무-박달나무숲, 신갈나무-피나무숲, 사시나무-자작나무숲 등이 드물게 퍼져 있다.

소나무숲은 칠보산의 거의 전 지역에서 볼 수 있으며 신갈나무숲은 상매봉 주변과 골짜기들 외칠보의 넓은 지역에서 볼 수 있다. 신갈나무-사시나무숲은 상매봉 동남 기슭. 신갈나무-박달나무숲은 박달령 동남 기슭, 신갈나무-피나무숲은 말봉 서쪽 기슭, 사시나무-자작나무숲은 금강봉과 은포 사이에 퍼져 있다.

식물분포에서 특징적인 것은 다른 지역의 고산대에서 흔히 볼 수 있는 만병초, 월귤, 백산차 등 고산식물이 해발 높이 700m 부근에까지 퍼져 있으며 온화한 지역에는 나도파초엽, 신의대 등 남쪽 기원의 식물들도 자라고 있다. 식물의 종 구성에서도 바다 기슭의 식물로부터 산지의 고산식물에 이르기까지 다양한 식물종들로 이루어져 있다. 조사한 자료에 의하면 칠보산의 식물종 구성은 800여 종이나 된다. 그 가운데서 고사리식물은 26종, 겉씨식물은 7종, 속씨식물은 수백여 종이다.

겉씨식물은 그 종수가 적지만 칠보산 식물피복의 구성에서 중요한 역할을 한다. 칠보산에 퍼져 있는 겉씨식물로서는 주목, 전나무, 소나무, 잣나무, 노가지나무, 단천향나무, 좀잎갈나무를 들 수 있다. 대표적인 고사리식물로서는 속새, 고사리, 공작고사리, 좀면마 등을 들 수 있다.

널리 퍼져 있는 속씨식물로서는 신갈나무, 박달나무, 자작나무, 물개암나무, 쉬땅나무, 산사나무, 구름나무, 넓은잎단풍나무, 찰피나무, 피나무, 엄나무, 산진달래나무, 물푸레나무 등 나무종류들과 삼지구엽초, 산작약, 오리방풀, 냉초, 박쥐나물, 김의털, 그늘사초 등 초본식물들이 자라고 있다. 칠보산에는 내칠보, 외칠보, 해칠보의 식물상은 비슷한 점도 있지만 일정한 차이점도 있다.

칠보산 식물의 분포정형을 과별로 분석하여 보면 국화과, 콩과, 바구지과, 꿀풀과, 벼과의 식물들이 종수에서 많은 비중을 차지한다. 그 가운데서 바구지과에는 31종의 식물들이 퍼져 있는데 외칠보와 내칠보, 해칠보의 여러 곳에서 자라고 있다.

칠보산에서 볼 수 있는 바구지과의 식물들은 투구꽃, 노란돌쩌귀풀, 줄바꽃, 진교, 줄진교, 노루삼, 복풀, 들바람꽃, 꿩의바람꽃, 그늘바람꽃, 매발톱꽃, 동의나물, 눈빛승마, 황새승마, 승마, 초대승마, 사위질빵, 좀덩굴, 으아리, 꽃버무리, 선복단풀, 노루귀풀, 할미꽃, 바구지, 애기젓가락풀, 참바구지, 개구리자리, 가락풀, 좀가락풀, 산가락풀이다. 이런 식물들은 주로 칠보산의 산기슭, 산골짜기, 개울 기슭, 평지의 밭 주변에서 많이 자란다.

또한 칠보산지구는 칠보산 지괴가 동해안에 치우쳐 있으며 길주명천 지구대와 재덕과 장덕이 있다. 해안지대의 강하천 유역에는 작은 충적 벌(강물에 의하여 밀려온 자갈, 모래, 진흙 따위가 강기슭에 쌓여 이루어진 벌판)들이 있고 칠보산 지괴와 내륙에는 언덕성 낮은 산지가 분포되어 있다. 칠보산 일대를 중심으로 한 지역에는 지사학적地史學的으로 신생대 제3기까지 우리나라 중남부와 육지로 연결되었기 때문에 유류식물이 많이 남아 있다.

그러므로 남부 요소 식물로 제주도와 울릉도에서 자라고 있는 돌가시나무, 나도파초일엽, 그리고 황해남도에서와 강원도에서 자라고 있는 약밤나무, 참오동나무, 정향풀 등과 온대 중부 요소인 나리꽃나무, 신의대, 청매레덩굴, 운란촌 등이 분포되어 있다. 참나무과에 속하는 신갈나무, 상수리나무, 떡갈나무, 좀갈참나무 등도 풍부하다.

또한 이 지역은 북부 요소 식물 등이 교차되는 지역으로서 식물종 분포도가 높다. 군락형도 다양하다. 내칠보와 외칠보에는 소나무 단순림 위주로 분포되어 있으며 해칠보에는 바위 위에 기묘하게 발달된 소나무림이 우거져 있다. 이 군락에서 아래층을 차지하는 떨기나무는 진달래, 철쭉나무, 싸리나무, 개암나무 등이며 풀식물 층에는 그날사초, 새풀대사초 등이 많이 분포되어 있다. 바닷가에는 해당화, 나문재, 통통마디, 수송나물, 해국 등이 있다.

칠보산 일대에는 낮은 산들에 소나무-참나무 혼성림이 분포되어 있으며 메역순나무, 오미자, 다래나무, 머루, 청머레덩굴 등 층외식물이 군락 형성종으로 되고 있다. 이 군락에서 아래층을 차지하는 것은 초롱꽃, 비수리, 새콩, 전동싸리, 채꽃, 백리향, 운란초 등이다. 칠보산 일대에 박달령과 삼각봉 부근에는 온대 중부 넓은잎나무들이 무성하게 자라고 있다. 이곳에는 박달나무, 까치박달나무, 북나무, 소태나무, 횡경피나무, 고로쇠나무, 단풍나무, 물푸레나무, 갈매나무, 마가목, 누릅나무, 찰피나무, 달피나무, 층층나무가 분포되어 있다.

나무갓 갈임도는 0.7~0.8로서 수림 속은 언제나 어두침침하다. 이 밑에서 싸리나무, 까치밥나무, 진달래, 병꽃나무 등이 드물게 자라며 층외식물로 머루, 다래나무덩굴이 다른 지역보다 많이 덮여 있다. 이 군락은 재덕산에 이르기까지 넓은 면적에 분포되어 있다.

토양은 군락의 유형에 따라 뚜렷이 달리 나타나고 있다. 즉 소나무 단순림과 소나무-참나무림에는 산림 갈색토양이 대부분이며 넓은잎나무림에는 산림 암갈색 토양이 전면을 덮고 있다. 때문에 여기에 분포된 지표식물 종들도 다르다. 소나무림에는 벼과 식물과 쑥류가 우세하며 넓은잎나무림에서는 더덕, 얼레지, 기름나물, 원추리, 참나물 등이 우세하다.

칠보산지구의 드러난 곳과 길가에는 식물종이 매우 다양하게 분포되어 있다. 드러난 산기슭에는 두릅나무, 산딸기나무, 싸리나무, 아귀꽃나무 등과 매발톱꽃, 삼지구엽초, 오이풀, 손잎풀, 삽주, 원추리, 용담, 참억새 등이 군락을 이루고 있으며 일부 지역의 바위벼랑에는 넓은잎 정향나무, 가침박달나무 등도 분포되어 있다.

길가에는 버드나무, 황철나무, 매자나무, 딱총나무, 으아리, 양지꽃, 딱지꽃, 제비꽃, 은초롱, 질경이, 꿀풀, 분홍바늘꽃, 구릿대, 천마등도 분포되어 있다.

이와 같은 군락은 함경북도에 이 지구에만 있다. 칠보산은 군락유형의 분포에서만 아니라 수직대성에서도 일정한 특성을 가진다. 해발높이 300m 이하에서는 대체로 소나무 단순림이 분포되었다. 이 지역에서는 소나무와 함께 아카시아나무, 잎갈나무, 가래나무, 밤나무, 산살구나무, 오리나무 등이 섞여 자라는 단순림으로 자라고 있다.

소나무는 습도에 관계없이 자라며 여기에 참나무, 오리나무 등이 섞여 자란다. 가래나무는 땅이 걸고 습도가 높은 북쪽방향에 치우쳐 자라고 잎갈나무, 밤나무, 산살구나무 등은 산기슭 골짜기에 자라고 있다. 해발높이 300~600m에서는 소나무 또는 단순림이 대부분 면적을 차지하고 있으며 국부적으로 소나무와 참나무류를 비롯한 기타 넓은잎나무들이 섞여 자란다.

산 높이가 높아짐에 따라 혼성림 분포면적이 많아지고 있다. 이곳에서는 또한 잎갈나무, 아카시아나무, 사시나무, 물푸레나무, 가래나무, 산살구나무 등이 자라고 있고 골짜기와 산기슭 습한 땅에서는 머루, 다래나무, 오미자나무, 당귀, 독활, 승마 등 산과일과 약초류가 자라고 있다. 해발높이 600~900m에는 참나무 또는 소나무를 지배수종으로 하는 혼성림이 분포되어 있다. 또한 사시나무, 단풍나무, 가래나무, 다릅나무 등이 드물게 섞여 자란다.

해발 700m 이상에서는 소나무단순림이 거의 없고 참나무류가 점차 많아지며 800~900m에서는 소나무가 작은 무리를 지어 자란다. 900m에서는 참나무가 우점종으로 분포되어 있고 자작나무, 사시나무, 버드나무 등 여러 넓은잎나무들이 자란다. 이와 같이 칠보산의 수직대에서 기본 군락은 소나무단순림, 넓은잎나무침활혼성림이다. 이곳에서 군락 형성 종은 소나무, 잎갈나무, 잣나무, 참나무류, 아카시아나무, 가래나무, 느릅나무, 사시나무, 자작나무, 황철나무 등이다.

칠보산에는 300여 종의 경제식물이 있는데 그중에서 섬유종의 식물이 25종, 기름원료식물이 19종, 약용식물이 83종, 산나물이 46종이다. 섬유·종이 원료식물로 많은 것은 뽀뿌라나무, 황철나무, 사시나무, 노박덩굴 등이며 산과실로서는 살구, 머루, 다래, 도토리이고 약용식물로서는 산삼, 당귀, 독활, 삼지구엽초, 승마, 오미자, 족두리풀, 산함박꽃, 황련, 면마, 은방울꽃 등이다.

향료식물로서는 백리향, 넓은잎정향나무 등이 분포되어 있고 송이버섯을 비롯하여 여러 가지 버섯이 분포되어 있다. 이와 같이 칠보산에는 진귀한 식물이 풍부하므로 자연보호구로 지정되어 보호관리되고 있다.

2. 내칠보의 식물상

내칠보에는 칠보산의 중심연봉에 있는 상매봉, 박달령과 그 동쪽의 천불봉, 금강봉, 세존봉, 덕봉 주위에 펼쳐진 명소들을 포괄하는 명승지역이다. 내칠보 명승지는 거세차고 웅장한 수많은 봉우리들과 기묘하고 색다른 바위들이 우뚝우뚝 솟아 있어 천태만상의 장엄하고 황홀한 산악미를 나타내고 있을 뿐 아니라 그 아름다운 절경을 마음껏 관망할 수 있는 개심대, 승선대, 해망대, 내경대, 회상대 등도 있어 관광객들의 탐승에 편리한 것이 특징이다.

내칠보를 찾는 관광객들은 명천읍에서 택시나 버스를 타고 가다가 청학마을에 이르러 먼저 칠보산의 아름다운 경관을 알리는 '흰 바위'(10~15m 높이의 바위들이 흰 눈같이 동서 200m 구간에 톱날같이 우뚝우뚝 솟아 있는 기묘한 바위)를 보게 된다. 그다음 자동차 길을 따라 아흔아홉 구비나 되는 박달령을 넘어 청계동에 이르러 개심사 명승구역의 명소들을 돌아보게 된다.

내칠보 지역에는 소나무숲, 신갈나무숲과 소나무-신갈나무숲, 사시나무-자작나무숲, 신갈나무-박달나무숲이 자라고 있으며 골짜기들에는 가래나무 군락이 드물게 있다. 박달령 부근에는 소나무와 신갈나무가 많이 자라고 있으며 다른 곳에서 보기 드문 박달나무가 섞여 있다. 박달나무는 햇빛을 좋아하는 나무로서 돌과 자갈이 많은 지대인 칠보산의 박달령 부근으로부터 해발높이 300m까지 자란다.

박달령 부근의 동남 산기슭에는 물박달나무, 자작나무, 사시나무, 물황철나무, 넓은잎단풍나무, 고로쇠나무, 신갈나무 등 넓은잎나무들과 소나무가 많이 자라고 있다. 그리고 상매봉 남쪽지역과 청계동에서 내려오는 큰 골짜기에는 잎갈나무가 자라고 있다. 떨기나무로서는 철쭉나무, 물개암나무, 싸리나무 등이 있다. 그 아래층에는 그늘사초, 새, 얼레지, 마타리, 조밥나물이 많이 자라고 있으며 골짜기로 내려오면서 벌개덩굴, 오리밥풀, 속단 등 초본식물이 퍼져 있다.

박달령 남쪽지역에는 향수 원료와 관상식물로 이름이 높은 은방울꽃 군락이 있다. 청계동 골짜기를 지나 개심사로 들어가는 넓은 구간에는 들깨풀, 엄나무, 산겨릅나무, 넓은잎단풍나무, 사시나무, 황철나무, 쉬땅나무, 화살나무, 노박덩굴, 갈매나무가 많이 자라고 있다. 개심사 주변에는 전나무가 자라고 있으며 다른 지방의 비교적 높은 곳에서 볼 수 있는 부게꽃나무가 자연적으로 많이 퍼져 있다.

동남쪽에 높이 솟은 제일명산으로부터 산줄기들이 내려오다가 상선대에서 두 줄기로 갈라져 한 줄기는 개심대를 이루고 다른 한 줄기는 북서방향으로 뻗어 천불봉, 만사봉, 로적봉, 나한봉 등 5개의 봉우리들을 이루고 있다. 오봉산 주변에는 건조한 생태적 환경에서 오랜 세월 자라는 소나무들이 많다. 주변에는 키 큰 소나무들과 넓은잎단풍나무, 신갈나무, 사시나무, 진달래나무 등 나무 종류들과 자주꿩의비름, 세잎돌쩌귀풀, 좀덩굴, 공작고사리, 면모고사리, 꽃지치, 제비쑥 등 초본식물들이 무리를 이루고 있다.

해망대로 가는 도중에는 소나무, 물푸레나무, 신갈나무와 여러 가지 버들류들이 자라고 있다. 곳곳에서는 오갈피나무와 매저지나무, 박쥐나무, 다래나무, 층층나무, 피나무들을 볼 수 있으며 냉초, 갈퀴덩굴, 쑥방방이, 강아지풀, 하늘말날이, 타래란 등 초본식물들이 자라고 있다.

금강봉에는 키 낮은 소나무가 바위짬에서 드문드문 자라고 있으며 그 주변에는 피나무, 사시나무, 황철나무, 물푸레나무, 버드나무, 넓은잎단풍나무, 매저지나무, 산진달래나무, 물개암나무 등 나무종류들과 가락풀나물, 패랭이꽃, 큰별꽃, 골황새냉이, 기린초, 괭이눈풀, 바위솔, 붉은참반디, 흰꿀풀, 생당쑥, 천남성 등 초본식물들이 자라고 있다.

이 지역의 식물피복 구성에서 기본은 소나무숲이며 어느 정도 높은 곳으로 가면서 신갈-소나무숲과 신갈-자작나무숲이 우세를 차지한다. 매저지나무는 해망대와 금강봉 주변에서 드물게 자라고 있다. 금강봉 밑에는 금강굴이 있다. 그 앞에는 피나무, 사시나무, 단풍나무류들과 고사리 식물들이 자라고 있다. 특히 다른 지역에서 보기 드문 천마를 흔히 볼 수 있다.

금강굴 북쪽으로 좀 가면 회상대가 있는데 거기에는 연적봉, 서책봉, 피아노바위 등이 있다. 이 구간에는 소나무가 기본 수종으로 퍼져 있고 드물게는 물푸레나무, 황경피나무, 사시나무, 가시박달, 쉬땅나무, 산사나무, 좀회나무, 철쭉나무, 산미나리, 꽃지치, 흰백미 등이 자라고 있다. 흰백미는 명승지들의 아름다움을 더욱 돋워 준다.

칠보산 휴양소로 들어가는 갈림길에서 북쪽 산을 바라보면 병풍바위가 보인다. 병풍바위를 지나가면 다섯 갈래로 선 바위산들이 기묘한 모양을 갖추고 있는 조룡봉이 있다. 그 주변에는 소나무, 신갈나무, 사시나무, 피나무, 철쭉나무, 산진달래나무, 투구꽃, 동의나물, 장대나물, 골풀, 둥글래, 작란화, 솔나물, 오리방풀, 졸방제비꽃, 알록꿩의비름, 둥근바위솔, 솜양지꽃, 매발톱꽃, 애기고사리 등 식물들이 많이 자라고 있다.

조룡봉을 지나 산매봉까지의 구간에는 소나무와 박달나무, 물푸레나무, 매발톱나무, 호랑버들, 가침박달, 국수나무, 별벗나무, 팥배나무, 신갈나무, 갈매나무, 찰피나무, 기령쿠나무 등 나무종류들이 대부분을 차지하고 있다. 칠보산의 최고봉인 상매봉의 북쪽에는 산진달래나무, 매저지나무, 월귤, 만병초, 백산차 등 고산성 식물들이 많이 자라고 있다. 특히 상매봉의 800m 지점에는 백산차, 월귤나무 군락이 넓은 면적을 차지하고 있다.

상매봉 주변에서는 이 밖에 바위손, 속새, 연잎풀, 삼지구엽초, 족도리풀, 가시기린초, 머루, 다래, 가시오갈피나무, 참나물, 곰취, 큰원추리 등을 볼 수 있다. 그리고 더덕이 무리로 자라고 있다. 내칠보의 횃불암에는 박달나무 군락이 있고 옥태봉에는 피나무숲이 넓게 전개되어 있으며 돌문 근처에는 만병초와 매저지나무가 자라고 있다. 그리고 무도암 부근에는 외두릅이 많이 자라고 기와집바위 주변에는 송이버섯이 퍼져 있다. 알봉 기슭과 사리협동농장의 앞산 기슭에는 단천향나무가 무리를 지어 자라고 청학동에서 마전동 방향의 골짜기를 따라 3㎞ 정도 올라가는 도중 왕팽나무가 퍼져 있다.

3. 외칠보의 식물상

외칠보는 칠보산의 주봉인 상매봉과 그 동쪽의 천불봉 주변의 절승경계인 내칠보와 바닷가 경치인 해칠보 지역을 제외한 칠보산지에 이루어진 명승지이다. 즉, 외칠보는 내칠보의 바깥지역으로서 내원동에서 시작되어 칠보천을 따라 내려가다가 로적동을 지나 좌우의 넓은 구간에 전개되었다. 다시 말하여 북쪽은 황진온천, 남쪽은 운만대까지의 넓은 구간을 다 차지하고 있다. 외칠보 명승지는 천태만상을 이룬 만물상구역을 비롯하여 웅건한 산발이 곳곳에 펼쳐져 있는 기묘한 바위봉우리와 바위들, 골짜기마다에 이루어진다. 구불구불한 형태의 폭포와 담소들로 하여 산악미와 계곡미를 동시에 나타내고 있는 것이 특징이다.

외칠보 명승지에 대한 관광은 외칠보 휴양각(칠보산휴양소의 분소)이 자리 잡고 있는 곳곳에 펼쳐진 만물상구역으로부터 시작된다. 넓은 지역을 포괄하고 있는 외칠보에는 명소, 고적들과 함께 거기에 깃든 전설과 역사 이야기들이 많아 관광객들의 눈길을 끌 뿐 아니라 관광일정을 보다 흥겹게 하여 준다. 외칠보에는 선녀들이 첫 문을 열고 내리었다는 '강선문'이 있고 '처녀바위', '장군바위', 옛날 농부들이 풍년 낟가리를 쌓은 것과 같은 '로적봉'과 '6단폭포'를 비롯하여 수많은 명소들이 있다.

외칠보에는 키가 작고 구불구불한 소나무숲과 신갈나무를 주로 하는 넓은잎나무숲이 많이 퍼져 있다. 이밖에 신갈-사시나무숲, 잎갈나무숲, 소나무숲, 소나무-신갈나무섞임숲이 있다. 잎갈나무숲과 신갈-사시나무숲은 은포구역 주변에서 흔히 볼 수 있다. 칠보산고등중학교를 지나 내원다리를 건너 약 2㎞ 더 내려가면 외칠보 휴양각이 있다. 그 뒤에는 바위들이 촘촘히 묶음식으로 선 봉서암이 있다. 여기서부터 장수산구역이 시작된다. 장수산구역에는 소나무숲이 우세하여 그 아래층에는 진달래나무가 많이 자라고 있다.

장수산의 봉서암은 크게 3개의 층으로 이루어져 있다. 매 층의 마루에는 키 낮은 소나무들이 자라고 있으며 경사지대에는 식물피복이 거의 없고 바위들만이 솟아 있다. 봉서암 주변에는 꿩의비름, 가시기린초, 돌나물, 거미일엽초, 면모고사리, 돌감고사리, 붉은터리, 꽃꼬리풀, 등골나물, 조밥나물, 솔잎사초, 향모, 조개풀 등 초본식물들이 자라고 있다. 특히 이 일대에서 돌나물과의 식물이 많이 자라는 것을 볼 수 있다.

가전다리 건너편에는 골짜기를 막아선 듯한 바위산이 있다. 그것은 학무대이다. 학무대 주변에는 소나무가 많으며 비교적 식물피복이 풍부하게 덮여 있다. 소나무숲에는 갈구리풀, 졸방제비꽃, 물레나물, 박주가리, 흰백미, 쉽싸리, 솔나물, 마타리, 새, 삽주, 손바닥란 등이 드물게 자라고 있다. 학무대 건너편에는 맹수봉이 있고 좀 더 가면 박비굴이 있다. 맹수봉으로부터 박비굴 사이의 식물상은 학무대 주변의 식물상과 거의 비슷하다. 다만 골짜기로 내려오면서 버들과와 단풍나무과의 일부 식물들과 꽃지치, 벌개덩굴, 말굴레풀, 큰별꽃 등 초본식물들이 많이 자라고 있다. 이 지역의 산중턱에는 갈매나무도 퍼져 있다.

외칠보의 만물상구역에는 머루, 다래, 오미자, 찔광나무, 벗나무 등 산열매나무들이 많이 자라고 있다. 다래나무는 소나무와 신갈나무, 물푸레나무 등에 엉켜 울창한 숲을 이루고 있는 것을 볼 수 있다. 건조한 지역의 바위짬에는 자주꿩의비름, 바위솔 등 돌나무과의 식물들과 절벽고사리, 바위손, 면모고사리, 끈끈이대나물, 돌양지꽃, 갈구리풀, 쉽싸리, 새 등이 자라고 있다. 만물상 주변에는 이 밖에 식용식물로 널리 알려진 더덕, 고사리, 솔나물 등이 자라고 있다.

외칠보의 큰 잣골 골짜기로 들어가면 높이 6m 정도 되는 폭포가 있다.

그 밑에 담소가 있는데 그 주변에는 넓은잎단풍나무, 소나무, 쉬땅나무, 아귀꽃나무, 나도파초일엽, 면마, 공작고사리, 구릿대, 속단, 바위떡풀, 동의나물, 괭이눈풀, 황금빛괭이눈풀, 노루풀 등 식물들과 이끼류들이 많이 퍼져 있다. 동해기슭으로 나가는 외칠보 경구의 마지막 부분에 자리 잡고 있는 로적봉 주변에는 소나무숲이 우세를 차지하며 그 밖에 싸리나무, 붉나무, 해당화, 산딸기나무, 참나무 등이 섞여 있다.

로적봉 기슭을 따라 들어가면 6단폭포가 있다. 그 주변에는 갈이 무리를 지어 자라고 외칠보의 속인암 부근에는 나도파초일엽, 독뿌리풀들이 퍼져 있다. 외칠보의 허덕골에는 칡 군락, 행렬봉에는 산철쭉, 가람봉에는 붉나무가 자라고 있다. 황진온천 부근에는 옻나무가 퍼져 있으며 만장봉 일대에는 칡이 넓은 면적에 분포되어 있는 것을 볼 수 있다. 그렇기 때문에 이 지방에서는 만장봉을 '칡산'이라고 부른다.

4. 해칠보의 식물상

해칠보는 남쪽에 위치한 무수단으로부터 북쪽에 있는 어랑단 사이의 약 100리 구간에 펼쳐진 해안 명소들이 속한다. 해칠보에는 '무지개바위', 동해의 둥근 달이 비친다는 '달문'과 '솔섬'을 비롯하여 촛불을 켜 놓은 것과 같다는 '촉석바위'와 '코끼리바위' 등 해안 풍경을 돋워 주는 수많은 명소가 있다.

해칠보 주변에는 매발톱나무, 해당화, 쉬땅나무, 물앵두나무, 아귀꽃나무, 눈빛승마, 새모래덩굴, 끈끈이여뀌, 분홍장구채, 큰뱀무, 누운양지꽃, 꽃자리풀 등 여러 가지 식물들이 자라고 있다. 솔섬은 괴상하게 생긴 바위섬으로 이루어져 있다. 섬에는 다른 섬에 비하여 소나무가 빼곡히 들어서 있으며 솔섬 앞바다 기슭에는 해당화 군락이 넓은 면적을 차지하고 있다.

황진구역에는 이 밖에 접동싸리, 잠두싸리, 젓능쟁이, 수송나물, 해국과 같은 바다 기슭 식물이 많이 자라고 있다. 해칠보의 보촌구역에는 무지개바위, 백사장, 산호바위, 화룡칠봉, 줄바위, 오동바위, 북조개살이터 등 여러 개의 명소들이 있다. 이 일대의 산지들에는 소나무들이 많다.

보촌구역에는 이 밖에 진달래나무, 아귀꽃나무, 구슬댕댕이, 새, 그늘사초 등이 자라며 바다 기슭에는 수송나무, 큰점나도나물, 개미바늘, 깃대나물, 잔쪽자리풀, 갯사상자, 모래가치 등 염기성식물들이 많이 자라고 있다. 모래가치는 보촌구역을 비롯하여 바다 기슭의 모래땅에서 볼 수 있다.

해칠보의 포화구역에는 코끼리바위, 부채바위, 고진소나무, 붓바위, 벼루바위, 연대봉 등 명소들과 천연기념물이 있다. 그 산지에는 소나무, 좀해당화, 해당화, 백리향, 자주단녀삼, 제비붓꽃 등이 있으며 바다기슭에는 갯메꽃, 수송나물 등 바다 기슭 식물들을 볼 수 있다. 갯메꽃은 해칠보의 곳곳에서 자란다. 해칠보의 달문구역에는 신의대, 달문, 촉석암, 삼바위, 무수단 등 여러 개의 명소들이 있다. 신의대는 우리나라 함경북도 칠보산의 산기슭에서만 볼 수 있는 특산종이다. 신의대는

운만대에 넓은 면적으로 차지하고 있으며 포하리 어촌 뒷산 부근에서
도 볼 수 있다.

5. 칠보산지역 식물상의 종 구성 특성

칠보산지역 식물상은 지리적으로 볼 때 북부에 위치하고 있으면서도
같은 위도상의 다른 지역 식물상과는 다른 특성을 나타내고 있다. 해발
고도가 비교적 높은 봉우리들의 식물상에는 북부지구의 전형적인 식물
집단들이 참가하고 있으며 비교적 낮은 봉우리들과 바다기후의 영향이
많이 미치는 온화한 지역에는 남부 요소 식물들이 적지 않게 분포되고
있을 뿐 아니라 해안 기슭을 따라서는 러시아와 동해안 지역들에 분포
되어 있는 북부 요소 종들이 칠보산지구에까지 분포되어 있다.

이러한 특성으로 하여 칠보산지역 식물상의 분류군 구성은 다양한 특
성을 가지고 있다. 칠보산 지역에 분포된 양치류 이상의 유관속 식물의
분류집단별 종 구성은 다음과 같다.

●〈표 7-1〉 유관속 식물의 분류집단별 종 구성

분류 집단	분류등급	과 Fam	속 Gen	종 Sp	변종 Var	변형 Form
양치류 Pterid		10	20	30	2	
겉씨식물 Gymnsp		4	6	7		
속씨식물 Angiosp	쌍떡잎식물 Picotyled	78	285	652	18	3
	외떡잎식물 Monocotyled	17	86	138	5	
합계		109	397	827	25	3

<표 7-1>에서 보는 바와 같이 칠보산지역에 분포된 양치류 이상의 총 종류 855 유관속 식물의 종 구성은 109과 397속 827종 25변종 3변형이다. 그 가운데서 양치류 식물은 30종 3.6%, 겉씨식물(나자식물) 종류 7종 0.85%, 속씨식물(피자식물) 790종 95.5%로서 속씨식물이 차지하는 비중이 제일 높다.

칠보산지역의 식물상을 이루고 있는 분류군들의 양적 구성은 우리나라 다른 지역 식물상들과 유사하며 매개 분류군들의 분포비율도 우리나라 식물상의 일반구성과 유사하다.

칠보산에는 양치류의 여러 과들이 모여 약 30여 종이 분포되어 있다. 이것은 칠보산지역에 이루어진 산림에서 온대성 요소의 침활엽 혼성군락이 넓은 면적을 차지하며 해양성기후의 영향을 받아 습윤하고 온화한 기후 조성으로 무성한 산림으로 되며 대기습도가 다른 지역보다 높기 때문에 양치류 식물들이 자라는 데 좋은 생태조건이 마련되어 있다고 볼 수 있다.

●〈표 7-2〉 겉씨식물의 과 · 속별 종 구성

No	과명	속	종	변종
1	노가지 나무과	2	2	
2	소나무과	1	2	
3	전나무과	2	2	
4	주목과	1	1	
	합계	6	7	

칠보산지역 식물상에서 겉씨식물들로는 소나무과, 노가지나무과, 전

나무과, 주목과에 속하는 종류들이 자라고 있는데 종류는 극히 적은 편이지만 소나무는 이 지역에서 군락 형성의 주요 수종으로 되고 있으며 생산성도 제일 높다(<표 7-2>).

칠보산 지역에서 식물상의 기본골격을 이루고 있는 것은 겉씨식물에 속하는 소나무가 기본으로 되고 있으며 식물피복에서도 주요한 역할을 한다.

● 〈표 7-3〉 쌍떡잎식물(쌍자엽식물)의 과·속별 종 구성

No	과명	속	종	변종	변형
1	국화과	41	86	1	1
2	바구니과	12	43	1	
3	콩과	16	37	3	
4	여뀌과	10	34		
5	장미과	5	34		
6	꿀풀과	16	31		
7	미나리과	17	25	1	
8	현삼과	9	20		
9	배추과	10	16		
10	패랭이과	13	22	1	
11	버들과	2	13		
12	돌나무과	3	13		
13	자작나무과	4	12	1	
14	능쟁이과	5	11		
15	바늘꽃과	4	11		
16	치치과	6	10		
17	도라지과	5	10		
18	인동덩굴과	5	10		

<표 7-3>에서 보는 바와 같이 쌍떡잎식물은 77과 285속 652종 18변종 3변형으로서 과 평균 종수는 11.96, 속 평균종수는 2.28이다.

10개 속 이상 되는 과는 국화과, 바구지과, 콩과, 여뀌과, 장미과, 꿀풀과, 미나리과, 패랭이꽃과, 배추과 등이다. 과 안의 종 구성을 놓고 보면 국화과 86종, 바구지과 43종, 콩과 37종으로서 제일 많은 비중을 차지한다.

● 〈표 7-4〉 외떡잎식물(단자엽식물)의 과·속별 종 구성

No	과명	속	종	변종
1	벼과	41	64	3
2	나리과	12	14	1
3	사초과	6	14	
4	난초과	9	9	
5	골풀과	3	6	
6	붓꽃과	1	5	
7	천남성과	3	6	1
8	파과	2	4	
9	가래과	1	3	
10	핵사과	2	3	
11	부들과	1	2	
12	마과	1	2	
13	청미래덩굴과	1	2	
14	닭개비과	1	1	
15	고위아람과	1	1	
16	물옥잠과	1	1	
17	빗자루과	1	1	
	합계	86	138	5

<표 7-4>에서 보는 바와 같이 외떡잎식물(단자엽식물)은 17과 86속 138종 5변종이며 과별 종 구성은 8.11, 속 평균 종수는 1.6이다.

칠보산지역 식물상에서 분포 종수 비율이 제일 높은 분류군들은 국화과(86종, 총 종수의 10.4%), 벼과(64종, 총 종수의 7.74%), 바구지과(43종, 총 종수의 5.2%)이며 콩과, 여뀌과, 꿀풀과, 미나리과, 장미과, 나리과, 패랭이꽃과, 사초과들은 그 다음가는 분류군들이다.

▲강선문

▲강선교

▲갯메꽃

▲꿀풀

▲끈끈이주걱

▲승선대

▲내칠보 안내도

▲외칠보 안내도

▲붓암

▲박달나무

▲병꽃나무

▲월귤

▲초롱꽃

▲은방울꽃

▲인동덩굴

▲으아리

▲큰뱀무

▲철쭉나무

▲해국

▲할미꽃

▲흰바위

제8장

주요 경제식물

1. 목재 및 섬유식물
2. 식용식물
3. 기름나무
4. 산과일식물
5. 약용식물
6. 밀원식물과 향료식물
7. 탄닌식물과 염료식물

칠보산에는 국민경제 발전과 국민생활 향상에 필요한 쓸모 있는 식물들이 많이 자라고 있다. 조사한 자료에 의하면 칠보산에 있는 주요 경제 식물의 종수는 수백여 종이나 된다. 대표적인 식물을 용도별로 나누어 살펴보자.

1. 목재 및 섬유식물

칠보산에는 잣나무, 소나무, 주목, 노간주나무, 황철나무, 사시나무, 피나무, 박달나무, 노박덩굴, 찰피나무, 엄나무, 오리나무, 물오리나무, 들메나무, 신갈나무, 가래나무, 자작나무, 갈 등 목재 및 섬유식물들이 널리 퍼져 있다. 대표적인 식물을 보자.

(1) 소나무 (Pinus densiflora) : 소나무과

소나무는 칠보산 식물 구성에서 기본을 이루고 있으며 넓은 지역에 퍼져 있다. 내칠보와 외칠보의 산기슭에는 키 큰 소나무들이 많이 분포되어 있고 바위가 솟아 있는 지역에는 키가 작고 구불구불한 소나무들이 자라고 있다. 소나무의 나무갓은 원추모양이며 드물게 우산모양을 이룬다. 나무껍질은 잿빛 나는 붉은색 또는 거무스름한 밤색이고 두터우며 거북이 등처럼 깊은 터짐이 생긴다. 2년생 가지는 재색이 도는 밤색이고 1년생 가지는 연한 누런 밤색이며 털이 없다. 잎은 바늘잎 모양, 보통 2개씩 짧은 가지 묶음으로 나며 길이는 7~12㎝이다. 잎의 색은 녹색으로 연하다.

▲소나무(내칠보)

소나무는 암수한그루이다. 수꽃은 새로 자란 가지의 가운데와 아래 부분에서 타래 모양으로 자라는데 보통 40~50개 지어 90개까지 난다. 그리고 암꽃은 새로 자란 가지의 끝에 2~3개(드물게 20~30개)씩 나는 데 닭알 모양 또는 타원 모양이다. 솔방울은 닭알 모양 또는 닭알 모양의 원추형이며 약간 아래로 향하거나 가지에 거의 직각으로 붙는다. 씨앗은 거꿀닭알 모양의 타원 모양 또는 마름 모양이며 거무스름한 밤색이다. 꽃은 5월에 피고 씨앗은 다음 해 9~10월에 익는다.

소나무의 목재는 보통 정도로 굳고 잘 썩지 않으며 연륜의 경계가 명확하다. 그러므로 건축재, 기구재, 선박재 등으로 널리 이용한다. 나무 옆살은 연하고 속살은 약간 굳다. 목재에는 섬유소가 53.6% 들어 있다. 목재는 펄프 원료로도 쓴다. 꽃가루와 솔잎은 약용으로 쓴다.

소나무를 찍은 다음 7~8년이 지나면 솔풍령이 생기며 그것은 약재로 쓴다. 소나무림에서는 송이버섯이 많이 돋는데 특히 칠보산의 내칠보와 외칠보는 송이버섯 자원이 많은 것으로 널리 알려져 있다. 소나무는 또한 국토를 보호하는 귀중한 산림자원으로서 해안 풍치림, 흙모래 방지림 조성에 널리 이용되며 풍치를 돋우는 데도 쓰이고 있다.

소나무는 씨앗으로 번식시킨다. 씨앗은 이른 봄 또한 늦은 가을에 심는다.

소나무림을 잘 보호하기 위해서는 우선 헐벌레의 피해를 미리 막아야 한다. 그러자면 헐벌레를 잡아먹는 이로운 새들과 천적기생벌인 애기벌들을 잘 보호하여야 하며 약제 뿌리기, 소독사업 등 인위적인 대책도 세워야 한다.

(2) 잎갈나무 (Larix olgensis var, koreana) : 전나무과

잎갈나무는 칠보산의 상매봉 중턱, 알봉 주변, 청계동 골짜기 등에서 볼 수 있는데 주로 해가 잘 비치는 양지쪽의 습한 땅에서 자란다. 잎갈나무는 높이 40m까지 자라고, 잎이 지는 큰키나무이다. 나무의 모양은 원추 모양이며 나무껍질은 검은 밤색 또는 잿빛이 도는 밤색이다. 잎은 바늘잎 모양이며 짧은 가지에는 20~40개씩 모여 나고 긴 가지에서는 어긋나게 돌려붙는다. 잎의 뒷면에는 흰색의 기공석이 있다.

잎갈나무는 암수한그루이다. 수꽃은 짧은 가지 끝에 한 개씩 위로 향하여 돋으며 암꽃은 짧은 가지 끝에 나며 크다. 솔방울은 닭알 모양의

▲잎갈나무

타원 모양, 긴 타원 모양이며 씨앗에 날개가 있다. 꽃은 5월에 피고 열매는 9월에 익는다. 잎갈나무는 보통 빨리 자라는 나무종류의 하나이며 목재원천에서 첫째자리를 차지한다. 목재는 속살과 옆살의 구별이 비교적 뚜렷하고 속살은 붉은 밤색 또는 누른밤색이며 옆살은 연한 누른색이다.

목재는 대단히 굳기 때문에 교량재, 건축재, 침목재 등으로 이용하며 펄프용재로도 쓴다. 공기 중에서 말린 목재의 비중은 0.57~0.61이다. 목재에는 섬유소가 48~49% 들어 있다. 송진은 테레빈유 원료로 이용하며 신경통, 기관지염에도 약재로 쓴다. 나무껍질은 민가에서 기관지염, 가래 삭임약, 오줌내기약으로 쓴다. 잎갈나무는 먼지와 가스에 대한 견인성이 세고 풍치림으로도 심는다. 잎갈나무는 씨앗으로 번식한다.

자연적으로 자라는 나무모(묘목)는 토양 겉면에 덮인 지피물地被物이 얇고 풀이 무성하지 않으며 건땅 등에서 잘 자란다. 떠다 심어도 생존율이 높다. 잎갈나무는 3~5년 동안에 한 번씩 씨앗이 많이 달린다. 그러므로 잎갈나무 채벌지에서는 씨앗이 많이 달리는 해를 고려하여 베어야 한다. 베어 낸 뒷자리는 곧 잡풀을 베어 주어 씨앗이 트는 데 좋은 조건을 만들어 주어야 한다.

(3) 사시나무 (Populus davidiana) : 버들과

사시나무는 칠보산의 넓은잎나무숲과 침활혼효림에서 볼 수 있다. 특히 박달령 동남 골짜기와 알봉 주변, 내원동 골짜기의 햇볕이 잘 비치는 산기슭의 누기 많은 땅에서 잘 자라고 있다. 사시나무는 잎이 지는 큰키

▲사시나무

나무이며 높이 20m 되는 데까지 자란다. 나무 모양은 둥그스름한 원주 모양이며 나무껍질은 잿빛색이 도는 풀색이고 윤기 난다.

잎은 닭알 모양의 타원 모양 또는 세모난 둥근 모양이며 변두리에는 물결 모양의 에움이 있다. 잎꼭지는 가늘고 길며 길이는 1.5~5.5cm 정도이다. 꽃은 4월에 잎보다 먼저 피며 꽃차례는 기둥모양이다. 열매는 튀는열매이며 5~6월에 여문다. 사시나무의 목재는 속살과 옆살의 구별이 뚜렷하지 않으며 옆살은 흰색 또는 연한 밤색이다. 나무의 질은 연하지만 탄성이 강하며 마르면 굳다. 목재에는 섬유소가 약 64% 들어 있다. 목재는 섬유 및 펄프재, 합판재로 쓴다.

잎에는 비타민C가 들어 있기 때문에 집짐승의 먹이로 쓸 수 있다. 나무는 씨앗 또는 가지로 번식시킨다. 나무의 껍질을 민가에서는 열 내림약으로 쓰며 껍질을 달인 물은 타박상, 부스럼 등에 바른다. 사시나무는 깨끗하고 시원한 감을 주므로 관상용으로 심는다. 자연적으로 자라나는 씨앗도 잘 트므로 나무모를 얻는 문제는 그리 어렵지 않다. 사시나무는 땅을 그리 가리지 않으므로 어디에나 심을 수 있으며 물기에 대한 요구성이 비교적 높기 때문에 될수록 누기 있는 지역에 심어야 한다.

사시나무는 진딧물, 붉은능예, 부심병, 때병 등 병해충이 자주 생기므로 석유 유제, 니코틴 등을 뿌려 주어야 한다. 이와 함께 사시나무는 햇빛을 좋아하는 식물이다. 그러므로 촘촘히 자라는 곳에서는 솎음을 해 주어 햇빛을 잘 받도록 하여야 한다. 백양나무라고도 한다.

(4) 오리나무 (Aluns japonica) : 자작나무과

오리나무는 칠보산의 여러 곳에서 볼 수 있는데 상매봉과 알봉 주변의 산기슭, 박달령 주변의 산기슭에 많이 퍼져 있다. 특히 칠보산의 화성지역에 무리로 자라는 것을 흔히 볼 수 있다. 오리나무는 잎이 지는 키나무이며 10~20m 정도까지 자란다. 나무껍질은 재밤색이며 1년생 가지에는 껍질 구멍이 많이 나 있다. 잎은 서로 어긋나며 닭알 모양의 타원 모양 또는 넓은 버들잎 모양이며 변두리에는 잔 톱니가 있다. 잎의 결맥은 7~9쌍이다.

꽃은 3월 하순에 잎보다 먼저 핀다. 수꽃차례는 가지의 끝부분에서 2~5개씩 나와 내리 드리우며 암꽃차례는 가지 끝에 1~5개씩 생긴다. 열매는 작은 굳은씨 열매이고 넓은 타원 모양 또는 거꿀닭알 모양이며 10

▲오리나무

월에 익는다. 오리나무의 목재는 속살과 옆살의 구별이 뚜렷하지 않으며 속살은 누른 밤색이고 옆살을 연한 밤색이다. 목재는 가구재, 악기재로 쓴다. 공기 중에서 말린 목재의 비중은 0.51이다.

오리나무는 수원함양림, 흙모래방지림으로 이용하는 중요한 식물이다. 나무껍질은 물감원료로 쓴다. 오리나무는 씨앗으로 번식시킨다. 열매는 10월에 누른색으로 익을 때에 송이채로 따서 말린 다음 씨앗을 받는다. 오리나무는 햇빛을 좋아하는 식물이므로 주위에 있는 잡관목들을 적당히 베어 주어 자람에 지장이 없도록 하여야 한다. 칠보산에는 오리나무와 같은 용도로 쓰이는 물오리나무가 있다. 주로 산골짜기의 누기 많은 땅에서 자란다.

(5) 자작나무 (Betula platiphylla) : 자작나무과

자작나무는 칠보산의 상매봉, 알봉 주변에서 많이 볼 수 있으며 해칠보의 해발높이 200m 부근의 산지에서도 드물게 자라고 있다. 주로 산허리 위의 양지바른 곳에 퍼져 있다. 자작나무는 잎이 지는 큰키나무이며 줄기는 높이 20m 정도까지 자란다. 나무껍질은 희고 윤기 나며 가지는 붉은 밤색이고 샘점이 있다. 잎은 어긋나며 넓은 닭알 모양 또는 네모난 닭알 모양이고 밑 부분에는 뚝 잘린 모양이거나 넓은 쐐기 모양이다. 자작나무는 암수한그루이다. 꽃차례는 둥근통 모양이고 내리 드리운다. 열매는 작은 굳은열매이고 날개가 있다. 꽃은 5월에 피고 열매는 10월에 익는다.

자작나무의 목재는 옆살과 속살이 잘 구별되지 않는다. 보통 옆살은 희고 속살은 연한 누런 밤색이다. 목재는 가구재, 기구재, 조각재, 합판재로 쓴다. 공기 중에서 말린 목재의 비중은 0.63이다. 나무껍질은 땀내기약, 열 내림약, 오줌내기약으로 쓰며 독버섯을 먹고 중독되었을 때 잎과 껍질을 달여서 먹는다.

자작나무는 나무껍질이 희고 나무 모양이 아름답기 때문에 관상용으로 심는다. 자작나무는 씨앗으로 번식시킨다. 나무모는 햇빛을 좋아하는 식물이므로 양지바른 곳에 심어야 한다. 나무는 땅에 대한 요구가 높지 않으며 땅층이 깊은 곳에 심어야 한다. 그래야 바람에 의해 넘어지는 것을 막을 수 있다.

칠보산에는 자작나무 외에 박달나무, 물자작나무, 좀박달나무 등이 자라고 있다.

(6) 엄나무 (Kalopanax septemlobum) : 오갈피나무과

엄나무는 외칠보와 내칠보의 산기슭, 산중턱 등 양지바른 곳에서 볼 수 있다. 엄나무는 잎이 지는 큰키나무이며 높이 20m 정도까지 자란다. 나무껍질은 검은 재색 또는 검은 밤색이며 가지에는 가시가 많다. 잎은 가지 끝에 여러 개씩 어긋나게 모여 나며 손바닥 모양이고 5~9 갈래로 중간 정도까지 갈라져 있다. 꽃은 5월경 가지 끝에 우산꽃차례를 이루고 연한 누르스름한 색으로 핀다. 열매는 둥근 굳은씨열매이며 9월 하순경에 보라색으로 익는다.

엄나무의 목재는 재질이 약간 굳고 윤기가 나며 무늬가 매우 곱다. 목재의 옆살은 연한 누른색이고 속살은 연한 누른밤색이다. 목재의 비중은 속살이 0.73, 옆살은 0.68이다. 목재는 가구재, 건축재, 세공재, 악기재, 합판재 등으로 쓰인다. 엄나무의 속껍질을 햇빛에 말려 고려약으로 쓴다. 엄나무에는 사포닌 성분이 들어 있으므로 가래삭임약, 신경통약으로 쓴다. 엄나무는 모양이 보기 좋으므로 많이 심는다. 번식은 씨앗으로 한다. 엄나무는 물기 적당한 땅을 좋아하며 햇빛을 즐긴다. 씨앗은 움 속에 저장하였다가 4월 중순경 모판에 뿌린다. 나무모는 한두 해 동안 길렀다가 옮겨 심는다.

2. 식용식물

칠보산에는 고사리, 고비, 참나물, 도라지, 더덕, 잔대, 둥글래, 가락풀, 수송나물, 활량나물, 물레나물, 두릅나무, 미역취, 달래, 곰취 등 160여 종의 산나물이 있다. 대표적인 식물을 보자.

(1) 고사리 (Pteridium aquilinum var. latiusculum) : 고사리과

고사리는 칠보산의 거의 모든 지역에 퍼져 있는데 산중턱, 산기슭의 해가 잘 비치는 곳, 밭 주변 등에서 흔히 볼 수 있다. 고사리는 여러해살이 초본식물이며 줄기는 높이 80㎝ 정도까지 나온다. 뿌리줄기는 옆으로 길게 뻗는다. 잎은 2~3번 깃 모양으로 갈라진 겹잎이다. 갈라진 쪽잎은 줄 모양의 버들잎 모양이다. 포자주머니 무지는 붉은 밤색인데 잎의 뒷면 변두리에 붙어 있고 씨는 막에 싸여 있다. 고사리의 어린잎 꼭지와 잎은 먹으며 뿌리줄기는 녹말을 뽑는다.

고사리 뿌리줄기에서 뽑은 녹말은 고사리풀을 만들어 점착제로 쓴다. 풀기가 세고 물에 잘 풀리지 않으므로 방직공업에서 천에 바르는 풀로 쓴다. 고사리의 뿌리줄기와 잎은 달여서 열내림약, 아픔멎이약, 벌레떼기약으로도 쓴다. 고사리는 포자 또는 뿌리줄기로 번식시킨다. 고사리는 햇빛이 잘 들고 수기가 적당한 산기슭에 조성한다. 고사리는 한 해에 2~3번 정도 돋는데 그때 뿌리목에서 굵은 대가 나온다.

(2) 참나물 (Pimpinella brachycarpa) : 산형과

참나물은 내칠보의 큰 미루개와 청계동 골짜기 등에서 볼 수 있으며

▲참나물

그 밖의 지역에는 드물게 퍼져 있다. 주로 산 경사지의 비교적 누기 있는 땅에서 자란다. 참나물은 여러해살이풀이며 줄기는 높이 70㎝ 정도 자란다. 잎은 3개의 쪽잎으로 된 겹잎이며 줄기에 어긋난다. 쪽잎은 닭알 모양 또는 둥근 닭알 모양이고 변두리에는 고르지 못한 톱니 모양 에움이 있다. 꽃은 흰색 또는 보라색이며 가지 끝에 겹우산꽃차례를 이루고 7~8월에 핀다. 열매는 길쭉한 둥근 모양이며 늦은 가을에 익는다. 참나물은 향기롭고 맛이 좋으므로 식용식물로 이용한다. 어린줄기와 잎에는 단백질 1.1%, 기름 0.02% 무질소추출물 1.5%, 섬유소 17%, 비타민 C·B_1·B_2, 탄닌, 정유 등이 들어 있다. 어린줄기와 잎은 김치를 담그거나 데쳐서 나물로 먹는다. 그리고 줄기는 소금에 절였다가 먹을 수도 있다.

참나물은 씨앗으로 번식시킨다. 씨앗은 높은 산지에서는 잘 여물지 않으므로 충분히 익은 다음 받아 늦가을에 심거나 모래처리를 하여 겨울에 낮은 온도조건에서 보관한다. 보관한 씨앗은 이른 봄에 심는다. 씨앗은 늦은 가을에 받아 누기 적당한 땅에 뿌려 흙을 1㎝ 정도 묻어 주어 싹이 잘 트도록 해야 한다.

(3) 도라지 (Platycodon grandiflorum) : 도라지과

도라지는 칠보산의 외칠보와 내칠보에 많이 자라며 해가 잘 드는 소나무숲과 잡관목 안의 탁 트인 곳에서 흔히 볼 수 있다. 도라지는 여러해살이풀이며 줄기는 높이 80㎝ 정도까지 자란다. 뿌리는 희고 굵으며 잔뿌리가 드물게 나 있다. 잎은 어긋나거나 돌려 가며 닭알 모양 또는 버들

▲도라지

잎 모양이다. 꽃은 종 모양이고 불그스름한 보라색이며 7~8월에 핀다. 열매는 닭알 모양의 튀는열매이며 10월에 익는다.

　도라지의 뿌리와 어린잎, 줄기는 식용으로 이용된다. 뿌리에는 단백질 3.5%, 기름 0.3%, 섬유소 1.0%, 비타민A·B 등이 들어 있다. 뿌리는 캐어 마르기 전에 껍질을 벗기고 약간 두드려서 찔은 다음 우려서 먹는다. 잎과 어린 줄기는 데쳐서 먹을 수 있다. 도라지의 뿌리에는 2%의 사포닌과 코티닌, 아눌린, 알칼로이드 등이 들어 있다. 그리하여 가래삭임약, 기관지염, 기침 등에 쓴다. 도라지는 꽃이 고우므로 관상용으로도 심는다. 번식은 씨앗으로 한다. 씨앗은 그해 가을 땅이 얼기 전에 심거나 다음 해 봄에 심는다. 보통 가을에 심는 것이 좋다. 도라지는 해가 잘 들고 누기가 적당한 건땅에 심는다.

(4) 더덕 (Codonopsis laceolata) : 도라지과

　더덕은 칠보산의 산기슭, 산중턱의 반 그늘진 곳에서 볼 수 있다. 특히 상매봉 중턱과 외칠보의 만물상 주변에 무리를 이루고 있다. 더덕은 여러해살이풀이고 줄기는 덩굴지며 1m 이상까지 자란다. 잎은 어긋나며 짧은 가지 끝에 보통 3~4개씩 모여 나며 긴 닭알 모양이고 양끝이 뾰족하다. 꽃은 연한 보라색의 종 모양이고 8~9월에 줄기나 가지 끝에 핀다. 열매는 고깔 모양의 튀는열매이고 10월에 익는다.

　더덕은 식용으로 쓰는데 봄과 가을에 캐서 껍질을 벗기고 잘게 찢어서 더운물에 우려낸 다음 여러 가지 요리를 만들어 먹는다. 더덕의 뿌리에는 단백질 8.2%, 기름 5.4%, 사포닌 5%, 아눌린, 비타민 A · B 등이 들어 있다. 뿌리에는 사포닌이 들어 있으므로 기침약, 가래삭임약으로 쓴

▲더덕

다. 더덕은 씨앗으로 번식시킨다. 심은 뿌리는 4~5년이 지나서 캐어 쓸 수 있다.

▲두릅나무

(5) 두릅나무 (Aralia elate) : 오갈피나무과

두릅나무는 칠보산의 거의 모든 지역에서 볼 수 있다. 특히 내칠보의 상매봉 골짜기와 무도암 주변, 외칠보 산기슭의 양지바른 곳에 많이 퍼져 있다. 두릅나무는 잎이 지는 넓은잎 작은키나무이며 줄기는 높이 2~5m 정도까지 자란다. 줄기에는 날카로운 가시가 많이 나 있으며 가지는 적게 친다. 잎은 두 번 깃 모양으로 갈라져 있으며 갈라진 쪽 잎은 닭알 모양이고 뒷면에 흰털이 있다. 꽃은 7~8월에 우산꽃차례를 이루고 피며 흰색이다. 열매는 물열매이고 10월에 검은색으로 익는다.

두릅나무의 새싹은 이른 봄에 뜯어 산나물로 이용한다. 새싹에는 단백질 8.3%, 기름 0.9%, 당질 3.3%, 광물질 2.8% 정도 들어 있다. 어린잎과 순을 뜯어 데쳐서 먹으며 두릅김치도 만들어 먹을 수 있다. 나물로 먹을 때는 가시가 돋아나기 전에 뜯어야 한다. 두릅나무는 껍질에 사포닌성 배당체, 정유 등이 들어 있으므로 신경쇠약병, 저혈압병, 당뇨병에 쓴다. 그리고 오줌내기약, 아픔멎이약, 대장염, 위궤양, 위암에도 쓴다.

두릅나무의 번식은 씨앗 또는 뿌리가르기, 포기가르기로 한다. 두릅 나무는 토양에 대한 요구성이 높지 않으므로 양지바른 산기슭에 심는 다. 두릅나무의 햇순은 모조리 뜯지 말고 햇가지가 자랄 수 있도록 솎음 식으로 적당히 뜯어야 한다. 당 질량은 7194.8~10488.0g이고 마른 씨앗 의 기름함량은 55.5~60.6%이다.

(6) 참취 (Aster scaber) : 국화과

참취는 내칠보의 옥래봉, 기와집바위와 외칠보의 장수산, 만물상 주 변 등에서 흔히 볼 수 있다. 참취는 여러해살이풀이며 줄기는 높이 1m 이 상 자란다. 뿌리잎은 무더기로 나오고 심장 모양이다. 줄기잎은 어긋나 게 나오고 아랫부분의 잎은 심장 모양이며 잎꼭지에 날개가 있다. 줄기 윗부분의 잎은 잎꼭지가 없거나 짧으며 긴 닭알 모양, 또는 버들잎 모양 이다. 꽃은 7~8월에 피는데 성긴고깔꽃차례 또는 고른꽃차례를 이룬다. 변두리의 꽃은 혀 모양의 암꽃이고 흰색이며 가운데 꽃은 관 모양인데 짝꽃이고 노란색이다. 열매는 거꿀버들잎 모양의 여윈열매이며 늦은 가 을에 익는다.

▲참취

참취는 5~6월에 어린잎을 뜯어 산나물로 이용한다. 뿌리목에 돋아나는 어린줄기와 잎은 불그스름한 풀색을 띤다. 잎과 줄기에는 단백질 3.4%, 기름 0.9%, 당질 9.4%, 섬유소 4.9%, 광물질 2.7%, 비타민A·B·C 등이 들어 있다. 참취는 향기와 단맛이 난다. 어린줄기와 잎은 뜯어 데친 후 하루 정도 물에 우려서 국거리로 하거나 무쳐 먹는다. 뿌리는 상처가 곪았을 때와 염증을 없애는 데 쓰며 간염약의 원료로도 쓴다. 참취는 씨 앗으로 번식시킨다. 참취는 번식이 잘되지만 뜯을 때 뿌리에 손상을 주 지 말아야 한다.

3. 기름나무

칠보산에는 가래나무, 잣나무, 개암나무, 분지나무, 생강나무 등 11 종 의 기름원료로 쓰이는 식물들이 자라고 있다.

(1) 가래나무 (Juglans mandshurica) : 가래나무과

가래나무는 칠보산의 내산동 골짜기, 내원동 골짜기, 청계동 골짜기에서 흔히 볼 수 있다. 가래나무는 잎이 지는 큰키나무이며 줄기는 높이 25~30m 자란다. 나무껍질은 재색 또는 거무스레한 재색이며 얕은 터짐이 있다. 잎은 깃 모양 겹잎이고 쪽잎은 7~15개이며 타원 모양이거나 긴 닭알 모양이다. 잎 앞면에는 처음에 잔털이 있으나 후에 없어진다. 뒷면에는 잔털이 배게 있는데 특히 엄지잎줄에 더 많다.

수꽃은 드림꽃차례이고 묵은 가지의 잎 짬에 나오며 잎보다 먼저 암꽃이 5~10개씩 가지 끝에 드림꽃차례를 이룬다. 잎과 함께 핀다. 꽃은 5월에 핀다. 열매는 굳은씨열매이고 닭알 모양이며 10월에 익는다. 가래나무의 씨앗의 알속은 날것으로 먹거나 기름원료로 쓴다. 열매의 1,000알당 질량은 7194.8~10488.0g이고 마른 씨앗의 기름함량은 55.5~60.6%이다.

기름은 색이 없거나 노란색이 약간 난다. 기름의 불포화기름산에는 올레인산, 리놀산, 리놀레산이 들어 있다. 그러므로 먹는 기름으로 직접 쓸 수 있을 뿐 아니라 경화유나 인조버터를 만드는 데도 쓸 수 있으며 칠감으로도 이용할 수 있다. 굳은 씨앗껍질은 활성탄을 만드는 원료로 쓴다. 나무껍질에는 탄닌이 들어 있으므로 물감원료로 쓸 수 있다. 목재는 나뭇결이 바르고 가공하기 쉬우며 윤기가 나므로 옷장, 책상 등 가구류와 건축재로 쓴다. 그리고 나무 모양이 고우므로 관상용으로 심는다. 가래나무는 씨앗으로 하거나 가지접으로 번식시킨다. 토양에 대한 요구성이 높으므로 흙층이 깊고 눅눅한 곳에 심어야 한다. 가래나무는 심은 후 7년 후부터 열매를 딸 수 있다.

(2) 잣나무 (Pinus koraiensis) : 소나무과

잣나무는 칠보산의 상매봉과 알봉의 주변 등 산지에서 드물게 볼 수 있다. 잣나무는 사철 푸른 바늘잎 큰키나무이고 줄기는 높이 40m까지 자라며 드물게 500년이나 자라는 것도 있다. 잎은 진한 풀색이고 보통 5개씩 묶음으로 나며 푸른빛 흰색의 기공선이 있다. 수꽃은 햇가지의 밑부분에서 돌려 나오는데 원통 모양이며 암꽃은 한 개 또는 몇 개씩 모여 핀다. 씨앗은 10월에 익는다. 한 개의 잣송이 안에 80~100여 알의 잣이 들어 있다.

잣은 까서 그대로 먹거나 기름원료로 쓴다. 잣 1,000알당 질량은

▲잣나무

551~848g이다. 마른 잣의 기름함량은 56~67%이며 기름은 연한 노란색이다. 잣기름은 맛이 좋을 뿐 아니라 여러 가지 공업원료로 쓴다. 잣나무는 목재가 옆살이 연한 노란색이고 속살은 붉은색이다. 무늬가 곱고 잘 썩지 않으므로 여러 가지 가구재, 기구재, 악기재나 건축재로 널리 쓴다. 잣나무는 모양이 곱기 때문에 관상용으로도 널리 심는다. 잣나무는 주로 씨앗으로 번식시킨다. 잣나무는 주로 물기가 비교적 많고 건땅에서 잘 자란다. 어린 때에는 그늘에서 견디는 힘이 세다.

(3) 개암나무 (Corylus heterophylla Var. thunbergii) : 자작나무과

개암나무는 칠보산의 거의 모든 지역에서 자란다. 특히 신갈나무숲 속에 더 많이 자라고 있다. 개암나무는 잎이 지는 떨기나무이며 줄기는 높이 2~3m 정도 자란다. 잎은 넓은 타원 모양이고 끝이 뾰족하며 변두

▲개암나무

리에 고르지 못한 톱 에움이 있다. 개암나무는 암수한그루나무이다. 수꽃차례는 기둥 모양인데 아래로 드리워 피고 암꽃차례는 닭알 모양이며 가지 끝에 핀다. 열매는 굳은씨열매이고 둥글며 10월에 익는다. 개암나무의 굳은 씨앗은 그대로 먹거나 기름원료로 쓴다. 마른 씨앗의 기름함량은 48~52%이며 연한 노란색이다. 기름은 마르지 않고 질 좋은 먹는 기름으로 이용하며, 여러 가지 공업용 기름원료로도 쓴다.

(4) 생강나무 (Benzoin obutusilobum) : 녹나무과

생강나무는 칠보산의 옥태봉, 장수산, 만장봉, 생매봉 기슭에서 볼 수 있다. 특히 청계동 골짜기 주변의 양지바른 곳에 많이 퍼져 있다. 생강나무는 잎이 지는 작은키나무이며 줄기는 높이 3~4m 정도 자란다. 잎은 닭알 모양이고 3갈래로 약간 갈라지며 길이는 8~10㎝ 정도이다. 꽃은 우

▲생강나무

산꽃차례를 이루는데 3월 중순부터 4월 초순 사이에 잎보다 먼저 핀다. 꽃은 노란색이다. 열매는 물열매이고 둥글며 9월에 검은색으로 익는다.

생강나무의 씨앗에는 기름이 50% 이상 들어 있으며 대부분 공업용 기름으로 쓴다. 기름은 노란색이다. 기름을 짠 깻묵은 정유를 뽑아 향료원료로 쓴다. 어린 가지는 민가에서 배아픔약, 열 내리는약, 가래삭임약으로 쓴다. 생강나무는 꽃이 일찍 피고 향기가 많이 풍기므로 관상용으로 심는다. 생강나무는 씨앗으로 번식시킨다. 생각나무는 해발높이 300m 아래의 산기슭, 산골짜기의 양지바른 곳에 심는다. 생각나무는 암나무와 수나무가 따로 있다. 때문에 정보당 50그루 정도씩 수나무를 섞어 심어야 한다. 생강나무는 햇빛을 좋아하므로 나무 그루수를 잘 조절해 주어야 한다.

(5) 분지나무 (Fagara schinifolia) : 산초나무과

분지나무는 칠보산의 비교적 낮은 지역에서 볼 수 있다. 주로 해가 잘 비치는 산기슭의 양지바른 곳에 자라고 있다. 분지나무는 잎이 지는 떨기나무이며 줄기는 높이 1~3m 정도 자란다. 가지에는 짧고 작은 가지가 있다. 꽃은 7~8월경 가지 끝에 길이 3~8cm의 고른 꽃차례를 이루고 연한 풀색으로 많이 핀다. 열매는 튀는열매이며 10월에 여문다. 씨앗은 둥근 닭알 모양이며 검은색이다. 분지나무의 씨앗은 기름원료로 이용한다. 씨앗은 기름이 31.6% 들어 있다. 기름의 화학적 성질은 산가 4.10, 요드가 120.4, 비누화가 19.8%이다. 기름은 먹는 기름으로 이용하거나 비누를 만든다. 열매는 가래삭임약으로 쓰며 타박상, 젓앓이 등에도 쓴다. 분지나무는 씨앗, 가지심기, 뿌리심기, 접 등으로 번식시킨다. 분지나무는 햇빛을 좋아하므로 해가 잘 비치는 양지쪽의 부식질이 많은 땅에 심는다.

4. 산과일 식물

칠보산에는 머루, 다래나무, 월귤나무, 산돌배나무, 산살구나무, 산벚나무, 산딸기나무, 구름나무, 찔광나무, 팥배나무, 야광나무를 비롯하여 22종의 산과일나무들이 자라고 있다.

(1) 머루 (Vitis amurensis) : 포도과

머루는 칠보산의 깊은 산기슭, 산골짜기 등에 자라고 있다. 특히 청계동 골짜기, 내산동 골짜기의 양지바른곳에서 많이 볼 수 있다. 머루는 잎이 지는 덩굴나무이며 줄기는 15m정도 덩굴져 자란다. 잎은 3~5갈래로 손바닥모양으로 갈라지며 변두리에 거친 톱날에움이 있다. 잎의 밑 부분은 심장모양이고 뒷면에 거미줄모양의 털이   있다. 꽃은 5월에 송이꽃차례를 이루고 피며 노란색이다. 열매는 물열매이며 9~10월에 검은색으로 익는다.

머루는 산열매로 이용한다. 열매에는 물기 88.66%, 조단백질 0.90%, 조지방 1.42%, 가용성무질소물 5.79%, 회분 0.77%, 당분 7~13%, 비타민 B · C 등이 있다. 익은 열매는 그대로 먹거나 머루술, 단묵 등을 만드는 원료로 쓴다. 뿌리는 포도주산칼시움을 만드는 원료로 쓰며 줄기는 여러 가지 공예품과 세공품을 만든다.

머루는 씨앗, 가지심기, 가지눌러심기 등으로 번식시킨다. 가지를 심
으면 3년 후에 열매가 달린다. 머루를 심을 때는 머루가 줄기를 감고 올
라갈 수 있는 다른 나무들을 베는 일이 없도록 해야 한다. 그리고 해가
잘 비치는 나무에 올려 주어 잘 뻗어 가게 하여야 한다.

(2) 다래나무 (Actinidia arguta) : 다래나무과

다래나무는 칠보산의 모든 지역의 비교적 깊은 산골짜기들에서 흔히
볼 수 있다. 특히 청계동 골짜기와 상매봉, 말봉, 내원동, 내산동, 산봉, 낙
타봉의 기슭과 골짜기에 많이 퍼져 있다. 다래나무는 잎이 지는 덩굴나
무이며 줄기는 25~30m 정도까지 덩굴져 자란다. 잎은 넓은 닭알 모양이
고 길이 6~15㎝, 너비 3~10㎝ 정도이며 변두리에 뾰족한 톱날에움이 있
다. 다래나무는 암수한그루식물이다. 꽃은 5~6월에 피고 수꽃은 잎 짬
에 고른살송이모임꽃차례를 이루고 나오며 암꽃은 하나씩 핀다. 열매는
물열매이며 9~10월에 익는다.

다래나무의 열매는 그대로 먹거나 과실즙, 단물, 잼을 만들며 비타민
재료로도 쓴다. 열매에는 섬유질 2.2%, 농과 8.9%, 펙틴질 0.7%, 당분
7.6%, 산성물질 1.2%, 탄닌질 0.2%, 비타민C 0.1% 정도 들어 있다. 뿌리는
포도주산칼시움을 만드는 원료로 쓰며 줄기는 여러 가지 공예품들과 세
공품을 만드는 데 이용한다. 다래나무는 씨앗, 가지심기, 가지눌러심기
등으로 번식시킨다. 다래나무는 누기가 있고 건땅에서 잘 자란다. 다래

나무는 열매를 딸 때에 덩굴에 손상을 주지 말아야 하며 다른 나무에 잘 감겨 올라가도록 덩굴을 바로잡아 주어야 한다.

(3) 마저지나무 (Lonicera caerulea, L. var. emphyllocaryk) : 인동덩굴과

마저지나무는 내칠보의 해망대와 금강봉 부근에 드물게 자라고 있다. 마저지나무는 잎이 지는 떨기나무이며 줄기는 높이 1m 정도 자란다. 잎은 가지에 2개씩 서로 마주 붙으며 타원 모양 또는 거꿀닭알 모양이다. 잎 변두리에는 잔털이 있으며 뒷면에는 털이 드물게 나 있다. 꽃은 여름에 피는데 노란빛이 도는 흰색이고 2개씩 핀다. 꽃갓은 종 모양이다. 열매는 긴 닭알 모양이고 9월에 검은 보라색으로 익는다. 익은 열매는 들쭉맛과 비슷하지만 신맛과 쓴맛이 더 난다. 열매에는 당분이 5.9% 정도 들어 있다. 열매는 술이나 단묵, 단물 등 식료가공원료로 이용한다. 마저지나무는 씨앗으로 번식시킨다. 추위에 견디는 힘이 세다.

(4) 산딸기나무 (Rubus crataegifolius) : 장미과

산딸기나무는 칠보산의 길가, 밭 주변, 돌각담 주변 등 해가 잘 비치는 곳에 많이 퍼져 있다. 멍석딸기는 외칠보와 내칠보의 해가 잘 비치는 산기슭에 분포되어 있다. 산딸기나무는 잎이 지는 떨기나무이며 줄기는 높이 1m 정도 자란다. 잎은 어긋나고 닭알 모양이며 손바닥 모양으로 3~5갈래로 갈라진다. 꽃은 흰색이며 5월경 가지 끝에 1~4개씩 모여 핀다. 열매는 굳은씨열매이며 7월에 붉게 익는다. 열매는 날것으로 그냥 먹거나 단물, 단묵, 술 등 식료가공원료로 쓴다. 열매에는 조단백질 0.32%, 조지방 0.11%, 가용성 무질소물 11.75%, 조섬유 0.97%, 유기산 0.62~2.57%, 당분 5.58~10.67% 정도 들어 있다. 산딸기는 뿌리줄기에 의해 되살아나는 힘이 세기 때문에 포기가름으로 번식시킨다. 산딸기나무는 땅을 가리지 않으므로 해가 잘 비치는 산기슭, 밭 주변 등에 심는다.

(5) 산앵두나무 (Prunus nakaii) : 벚나무과

산앵두나무는 외칠보의 장수산 부근에 드물게 퍼져 있다. 산앵두나무는 잎이 지는 떨기나무이며 줄기는 높이 1m 정도 자란다. 잎은 닭알 모양이고 변두리에 톱니 모양 에움이 있다. 뒷면에는 짧은 털이 약간 있다. 꽃은 5월 초순에 잎과 함께 피는데 연한 붉은색이며 2~6개씩 모여 핀다. 열매는 굳은씨열매이며 7월에 불그스름한 색으로 익는다.

열매에는 당분이 1.5% 정도 들어 있다. 열매는 단물이나 술을 만드는 원료로 쓸 수 있다. 산앵두나무는 씨앗으로 번식시킨다. 산앵두나무는 모양이 곱고 꽃이 아름다우므로 공원, 정원 등에 관상용으로 심기도 한다. 산앵두나무는 추위와 병에 대한 견딜성이 세므로 비교적 높은 지역에도 조성할 수 있다.

(6) 산살구나무 (Prunus mandshurica) : 벚나무과

산살구나무는 내칠보와 외칠보의 산지에 주로 퍼져 있다. 산살구나무는 잎이 지는 넓은잎 큰키나무이며 줄기는 10~15m 정도 자란다. 잎은 닭알 모양 또는 넓은 닭알 모양이며 변두리에 고르지 못한 둔한 에움이 있다. 꽃은 4월에 잎보다 먼저 피는데 연한 붉은색이다. 열매는 둥그스름하여 7월에 누른색으로 익는다. 산살구나무의 열매는 그대로 먹거나 통조림, 술 등을 만드는 원료로 쓴다. 열매에는 단백질 0.6%, 기름 0.34%, 함수탄소 10.2%, 섬유소 0.9%, 무기물질 0.6%, 비타민, 당분 등이 들어 있다. 기름은 공업원료로 쓰고 씨앗은 기침약, 신경통약으로 이용한다.

산살구나무는 꽃이 아름다우므로 많이 심는다. 산살구나무는 씨앗으로 번식시킨다. 산살구나무는 열매를 딸 때에 가지를 꺾는 일이 없어야 하며 햇빛을 잘 받도록 주위의 나무들을 적당히 솎아 주어야 한다.

5. 약용식물

칠보산은 그의 자연지리적 특성으로 하여 식물 자원이 다양하며 특히 약용식물 자원이 풍부하다. 칠보산의 약용식물 자원에서 특징적인 것은 군락형 약용식물들이 많은 것이다. 칠보산에는 신의대, 삼지구엽초, 족두리풀, 백리향, 서태나무, 털봉나무, 월귤나무, 붉나무, 두릅나무, 만병초, 백산차 등 10여 종의 약용식물이 군락을 이루고 있다.

신의대는 아열대성 식물이다. 우리나라에서 북한경계선을 이루는데 칠보산에서는 군락을 이루면서 넓은 면적에 분포되어 있다. 신의대는 해칠보구역인 운만대, 포하에서 무리로 자라는데 특히 운만대 신의대 군락은 분포면적이 10여 정보에 달하며 이 군락은 천연기념물로 보호되고 있다. 신의대는 잎을 피멎이약, 가래삭임약 등으로 쓴다.

삼지구엽초 군락은 칠보산의 전 지역에 분포되어 있는데 해발 400m 아래의 산중턱, 산마루에서 혼성림과 함께 자란다. 삼지구엽초는 7~8월에 옹근 풀을 베어 말린 것을 신경쇠약, 류머티즘성뼈마대염, 음위증, 성기능부족증 등에 쓴다.

족두리풀은 운만대, 덕골 등 해발 200~600m 지대의 떨기나무숲에서 무리로 자라며 로적봉, 박달령 주변의 산골짜기들에는 속새 군락이 펼쳐져 있다. 족두리풀은 감기, 허리아픔, 이쏘기, 신경통, 기관지염 등에 쓰며 속새는 결핵, 기관지천식, 폐렴, 동맥경화증, 고혈압 등에 쓴다

칠보산의 높은 지역인 상매봉, 박달령 주변에는 고산성식물인 만병초, 백산차, 월귤 등이 군락을 이루고 있다. 칠보산지구의 약용식물들은 깨끗한 환경으로 하여 약효가 높다. 칠보산에는 가시오갈피나무, 오미자, 삼지구엽초, 오갈피나무, 땅두릅, 꿀풀, 산작약, 부채마, 참나리, 할미꽃 등370여 종의 약용식물들이 자라고 있다.

(1) 가시오갈피나무 (Eleuterococcus senticosus) : 오갈피나무과

가시오갈피나무는 내칠보의 조롱봉을 지나 박달령 쪽의 산골짜기와 금강굴 주변에 비교적 많이 자라고 있다. 가시오갈피나무는 잎이 지는 떨기나무이며 줄기는 높이 1.5~2m 정도 자란다. 줄기에는 긴바늘 모양의 뾰족한 가시가 많이 나 있다. 잎은 5개의 쪽잎으로 된 손바닥 모양의 겹잎이고 쪽잎은 긴거꿀 모양이며 변두리에는 뾰족한 톱 에움이 있다. 앞뒷면의 잎줄 위에는 뾰족한 작은 가시와 센 밤색털이 많이 있다. 꽃은

▲가시오갈피나무

7월에 우산모양꽃차례를 이루고 여러 개의 작은 꽃이 많이 모여 핀다. 열매는 물열매 모양의 굳은씨열매이며 10월에 검은색으로 익는다.

가시오갈피나무의 뿌리와 줄기껍질에는 배당체, 카로티노이드 등이 들어 있다. 껍질 추출액은 중추신경계통을 흥분시키고 운동기능을 높여 주며 성선 자극작용을 한다. 껍질과 잎은 보약으로 정신육체적 피로와 몸 회복에 쓴다. 이 밖에 당뇨병, 동맥경화증, 류머티즘성 심근염, 저혈압, 신경쇠약에 먹는다.

가시오갈피나무는 씨앗으로 번식이 잘되지 않기 때문에 주로 뿌리줄기로 번식시킨다. 가시오갈피나무는 추위에 견디는 힘이 세고 햇빛에 대한 요구성이 높지 않으므로 산기슭, 산골짜기의 반 그늘진 곳에 심는다. 가시오갈피나무는 습기가 충분하고 부식질이 많은 꼬래매흙, 메흙 땅에서 잘 자란다.

(2) 소태나무 (Picrasma quassiodes) : 소태나무과

소태나무는 칠보산의 내칠보의 청계동, 개심동 골짜기에 자라고 있다. 소태나무는 잎이 지는 넓은잎 큰키나무이며 줄기는 10m 정도까지 자란다. 나무껍질은 잿빛이 도는 보랏빛 밤색이며 흰 재색의 반점이 있다. 가지에는 반달 모양의 잎이 떨어진 자리가 있다. 잎은 어긋나고 깃 모양 겹잎에서 쪽잎은 6~8쌍이다. 쪽잎은 긴 닭알 모양의 타원 모양이며 변두리에 얕고 둔한 톱 에움이 있다. 받침잎은 버들잎 모양이며 일찍 떨어진다. 꽃은 5월에 고른꽃차례를 이루고 노란빛 흰색으로 핀다.

열매는 굳은씨열매이며 9월에 진한 보랏빛 밤색으로 익는다. 민가에서는 봄가을에 소태나무의 가지를 적당한 크기로 잘라 껍질을 벗긴 것을 고목이라고 하며 그것을 약재로 쓴다. 고목에는 구와 씬, 탄닌 등이 들어 있다. 의학에서는 건위약으로 쓰며 살충약재, 옴 치료약재로도 쓴

▲소태나무

디. 소태나무는 관상용으로도 심는다. 소태라는 이름은 나무의 껍질, 잎줄기, 가지 등의 맛이 매우 쓰다는데서 불러 왔다고 한다. 소태나무는 씨앗으로 번식시킨다. 햇빛을 즐기므로 주위에 있는 잡관목들을 적당히 솎아 주어야 한다.

(3) 복수초 (복풀 Adonis amurensis) : 바구지과

복수초는 칠보산의 상매봉, 말봉, 옥태봉, 낙타봉 등 산기슭의 해가 잘 비치는 곳에 많이 자란다. 복수초는 여러해살이풀이며 줄기는 높이 15~25㎝ 정도 자란다. 잎은 어긋나며 깃 모양으로 갈라진다. 쪽잎은 닭알 모양의 긴 타원 모양이며 다시 깃 모양으로 갈린다. 꽃은 3~4월경 잎과 거의 같이 줄기 끝에 누런색으로 핀다. 꽃잎은 긴 타원 모양이고 여러 개이다. 열매는 쪽꼬투리열매이며 6월에 익는다.

▲복수초

복수초는 꽃이 피는 시기부터 열매가 형성되기까지 기간에 베며 그늘에 말려 약재로 쓴다. 주로 심장기능부전증, 심장신경증 등 강심제로 이용한다. 복수초는 독성이 있으므로 쓸 때에 주의해야 한다. 복수초는 꽃이 아름다우므로 관상용으로 심기도 한다. 복수초는 씨앗과 뿌리줄기로 번식시킨다. 뿌리줄기는 2~3개의 눈이 붙어 있는 것을 심는다. 복수초는 토양에 대한 요구성이 비교적 세므로 부식질이 많은 땅에 심는다.

(4) 승마 (Cimicifugaheracleifolia) : 바구지과

승마는 칠보산의 내산동, 청계동, 옥태봉 등 산지의 깊은 골짜기들에 드물게 퍼져 있다. 승마는 여러해살이풀이며 줄기는 높이 1m 정도 자란다. 땅속에 굵고 짧은 검은 밤색의 뿌리줄기가 있고, 거기에 수염뿌리들이 많이 생긴다. 뿌리줄기는 크고 작은 덩어리 모양이며 윗면에 묵은 줄기 자국들이 있다. 잎은 어긋나고 깃 모양 겹잎이며 쪽잎은 넙적한 심장 모양이다. 보통 크게 세 갈래로 갈라지고 변두리에 톱에움이 있다.

▲승마

꽃은 8월에 겹송이 꽃차례를 이루고 흰색의 작은 꽃이 피며 꽃잎은 4~5개씩이다. 열매는 밤색의 납작한 튀는열매 모양의 꽃꼬투리열매이며 늦가을에 익는다. 봄과 가을에 뿌리와 뿌리줄기를 캐어 물에 씻어서 햇볕에 말린 것을 약재로 쓴다. 승마는 치미틴이란 성분이 있으며 발한해열약으로 쓴다. 승마는 씨앗 또는 뿌리줄기로 번식시킨다. 승마는 반 그늘진 곳의 부식질이 많은 곳에서 잘 자라며 캘 때 뿌리줄기에 손상을 주지 말아야 한다.

(5) 단너삼 (황기 Astragalus membranaceus) : 콩과

단너삼은 칠보산의 북장대 중턱에 드물게 퍼져 있다. 주로 넓은잎나무숲 주변의 해가 잘 비치는 곳에서 자란다. 단너삼은 여러해살이풀이며 줄기는 높이 1m 정도 자란다. 뿌리는 땅속 깊이 들어가는 살진 굵은 뿌리인데 길이는 20~50㎝이고 굵기는 1~3㎝이다. 잎은 6~8쌍의 쪽잎이

▲단너삼 (황기)

고 쪽잎은 좁은 닭알 모양이고 길이는 15~20㎜정도이다. 잎의 뒷면은 잔털이 있고 흰색이다. 꽃은 7월에 줄기 끝이나 잎짬에서 나온 꽃대 위에서 노란색으로 피며 이삭꽃차례를 이룬다. 꽃은 나비 모양이다.

열매는 타원 모양의 꼬투리 열매이며 9~10월에 익는다. 씨앗은 검은 밤색이며 한 꼬투리 안에 5~11알 들어 있다. 단녀삼의 뿌리에는 비타민, 당류, 점질이 들어 있으며 허약, 빈혈, 결핵, 당뇨병 치료에 쓴다. 민가들에서는 환자의 몸이 허약해지면서 어지러울 때에 단녀삼의 뿌리를 보드랍게 가루 내어 한번에 6g씩 하루 세 번 더운물에 타서 먹는다.

단녀삼은 씨앗 또는 가지, 뿌리줄기로 번식시킨다. 단녀삼은 추위견딜성이 센 식물로서 양지바르고 부식층이 깊은 땅에서 잘 자란다. 단녀삼이 집중적으로 분포되어 있는 지대에서는 돌림 식으로 몇 년에 한 번씩 솎아 캐야 한다. 어린것은 약효가 없으므로 5~6년 이상 자란 것을 캐야 한다. 칠보산에서는 해발높이가 비교적 높은 상매봉 중턱과 알봉 주변에 단녀삼을 많이 조성하고 있다. 이 밖에 칠보산에는 자주단녀삼이 있다. 꽃은 붉은 보라색, 열매는 좀 길며 뿌리는 굵다.

(6) 오미자나무 (Schizandra chinensis) : 오미자과

오미자나무는 주로 외칠보와 내칠보 산기슭의 해가 잘 비치는 곳에서 볼 수 있다. 오미자나무는 잎이 지는 덩굴나무이고 줄기는 가지를 많이 치며 서로 엉켜 자란다. 잎은 어긋나고 닭알 모양의 타원 모양이거나 닭알 모양이며 변두리에 성긴 톱 에움이 있다. 꽃은 7~8월경 햇가지 밑 부

▲오미자나무

분의 꽃 싼 잎 짬에서 나오는 긴 꽃꼭지에 노란빛이 드는 흰색으로 피며 송이꽃차례를 이룬다. 열매는 물열매이며 9월에 붉게 익는다. 열매 속에는 보통 1개의 씨앗이 있다. 오미자라는 이름은 5가지 맛 즉 단맛, 쓴맛, 신맛, 떫은맛, 매운맛이 있다는 데서 불리고 있다. 오미자 열매는 가을에 송이째로 따서 말려 약재로 쓴다. 열매에는 시잔드린, 레몬산, 사과산, 포도주산, 유기산, 양분, 비타민 등이 들어 있다. 열매는 주로 폐와 콩팥을 보호하는 자양강장제를 쓰며 신경쇠약, 저혈압병, 결핵, 당뇨병에도 이용한다. 하루에 먹는 양은 5~15g이다. 오미자는 오미자 단물을 비롯하여 식료가공 원즙으로 쓴다.

오미자는 씨앗, 가지, 뿌리가르기 등으로 번식시킨다. 오미자나무는 추위 견딜성이 세고 서늘한 기후조건에서 잘 크며 부식층이 깊고 물이 잘 빠지는 양지바른 곳에서 자란다. 오미자나무는 송이를 딸 때에 나무덩굴에 손상을 주지 말아야 하며 덩굴은 해가 잘 비치는 나무에 감겨 오르도록 바로잡아 주어야 한다.

6. 밀원식물과 향료식물

칠보산에는 찰피나무, 아카시아나무, 피나무, 해당화, 백리향, 종회나무, 은방울꽃 등 밀원식물과 향료식물 26종이 있다.

(1) 찰피나무 (Tilia mandshurica) : 피나무과

찰피나무는 칠보산의 상매봉, 알봉, 하매봉을 비롯하여 거의 모든 지역의 산기슭, 산골짜기 등에 넓은잎나무 등과 함께 자라고 있다. 찰피나무는 잎이 지는 큰키나무이며 높이는 7~10m 정도이다. 햇가지는 노란풀색이며 흰색의 별 모양 털이 있다. 잎은 넓은 닭알 모양이고 끝은 뾰족

▲찰피나무

하며 밑 부분은 심장 모양, 또는 자른 모양이다. 변두리에는 거친 톱니가 있다. 꽃은 6월경 잎 짬에 고른꽃차례를 이루고 피는데 한 개의 꽃꼭지에 5~20개씩 핀다. 열매는 둥글거나 둥글넓적한 굳은씨열매이며 10월에 익는다. 꽃향기가 그윽하고 꽃이 많으므로 꿀 원천식물로 이용, 목재는 가볍고 탄탄하며 결이 고우므로 기구재, 가구재, 합판재, 건축재로 쓰며 나무껍질은 섬유원료로 이용한다. 찰피나무는 그 모양이 고우므로 공원, 정원에 관상용으로 심는다. 씨앗, 뿌리로 번식한다.

(2) 아카시아나무 (Robinia pseudo-acacia) : 콩과

칠보산의 산기슭, 산중턱 등 여러 곳에 퍼져 있다. 아카시아나무는 잎이 지는 큰키나무이며 줄기는 높이 15m 이상 자란다. 나무껍질은 잿빛을 띤 검은 밤색이며 세로 터짐이 생긴다. 잎은 어긋나온다. 꽃은 5월 하순경 7~19개의 송이꽃차례를 이루고 나비 모양(흰색)으로 핀다. 아카시아나무는 꽃이 향기로우면서도 많이 피기 때문에 꿀 원천식물로 널리 이용. 잎에는 단백질 8.56%, 기름 6.96%가 들어 있어 집짐승 먹이로 쓴다. 한 해 자란 가지의 껍질로는 포장용 노끈을 만들며 꽃은 오줌내기약, 신장염, 기관지천식 등에 쓴다. 씨앗에는 8.4~11.1%의 기름이 있다. 씨앗은 공업용기름 원료로 쓴다. 나무는 땔나무로 널리 이용한다. 씨앗, 가지심기, 뿌리가르기로 번식한다.

(3) 좀풀싸리 (Lespedeza bicolor) : 콩과

칠보산 소나무숲의 떨기나무들이 자라고 있는 곳에 퍼져 있다. 잎이 지는 떨기나무이며 줄기는 높이 1m 정도 자란다. 좀풀싸리는 가지를 많이 치며 가지에 털이 있다. 잎은 3개의 쪽잎으로 된 겹잎이며 쪽잎은 긴 타원형이다. 뒷면에 털이 좀 있다. 꽃은 7월경 잎 짬에서 긴송이꽃차례를 이루고 가지색으로 핀다. 열매는 둥그스럼한 꼬투리열매이며 10월경에 여문다. 좀풀싸리는 꽃이 많이 피기 때문에 꿀 원천식물이다. 어린잎과 줄기에는 단백질, 비타민, 미량원소 등이 들어 있어 집짐승 먹이로 이용한다. 좀풀싸리는 씨앗으로 번식, 토양에 대한 요구가 비교적 높지 않다.

(4) 해당화 (Rosa rugosa) : 장미과

해당화는 칠보산 해칠보의 바다 기슭에 널리 분포되어 있다. 잎이 지는 떨기나무이며 줄기는 높이 1~1.5m 정도 자란다. 줄기와 가지에 구부러진 가시와 센 털이 많이 나 있다. 잎은 어긋나며 5~9개의 쪽잎으로 된 홀수 깃모양겹잎이다. 쪽잎은 긴 타원 모양 또는 닭알 모양의 긴 타원 모양이며 변두리에 톱 에움이 있다. 뒷면에는 흰 털이 배게 나 있다. 꽃은 5~8월 사이 가지 끝에 1~3개의 장미색으로 피며 향기가 많다. 열매는 물열매이고 7~9월 사이에 감색으로 익는다.

해당화의 꽃에는 게리니올, 찌트로네졸, 찌트로네랄을 주성분으로 하는 정유가 0.2% 들어 있다. 정유는 고급향료외 원료로서 여러 가지 화장품, 세숫비누 등을 만든다. 식료공업의 원료로도 이용, 열매에는 비타민

▲해당화

C와 플라보노이드가 많다. 그러므로 시럽을 만들어 먹는다. 열매껍질은 누른 밤색물감 원료로 쓴다. 꽃은 관상용으로 심는다. 씨앗, 포기가르기, 가지심기로 번식시킨다.

(5) 백리향 (Thymus quinquecostatus) : 꿀풀과

백리향은 칠보산, 해칠보의 산지들에 군데군데 무리를 이루고 자란다. 잎이 지는 떨기나무이며 줄기는 높이 30㎝ 정도 자란다. 줄기는 보라색, 땅 위에 누워 뻗는데 가지를 많이 친다. 가지와 뿌리줄기는 열매를 맺지 못하는 싹이 있고 위로 올라가는 가지에는 열매를 맺는 싹이 있다. 잎은 마주나며 닭알 모양, 잎은 5~10㎜로서 매우 작다. 꽃은 6~7월경에 연분홍색으로 여러 개씩 피며 입술 모양이다. 열매는 작은 굳은씨열매이고 밤색이며 동글납작하다.

백리향으로는 꽃이 한창 필 때에 땅 윗부분을 베서 증유하여 정유를 얻는다. 백리향에는 0.3~1.5%의 정유가 있는데 주성분은 티몰이다. 그 밖에 찌멘, 피넨, 리날롤 등이 있다. 백리향기름은 음료, 고약, 치약을 만들어 쓰며 향수, 세숫비누 등을 만드는 데도 이용한다. 그리고 가래삭임약, 설사약, 진정약, 기침약, 위아픔, 류머티즘, 신경쇠약에도 쓴다. 백리향은 씨앗, 뿌리가름, 가지심기로 번식시키며, 자연적으로도 잘 번식된다. 땅이 걸고 부드러우며 물이 잘 빠지는 곳에서 잘 자란다. 특히 석회암 토양에서 잘 자란다.

(6) 들깨풀 (Orthodon punctulatum) : 꿀풀과

칠보산 낮은 지대의 풀밭, 밭 주변, 길가 등에서 절로 자란다. 한해살이 풀, 줄기는 네모지고 곧추서며 높이는 60㎝ 정도. 가는 털이 있고 향기가

▲들깨풀

있다. 잎은 마주나오고 닭알 모양이며 잎 앞면은 풀색을 띤 보라색, 꽃은 8월경 줄기와 가지 끝에 송이꽃차례를 이루고 핀다. 꽃은 연한 보라색, 입술 모양이다. 열매는 둥근굳은씨 열매. 10월에 익는다. 들깨풀에는 정유가 2% 정도 들어 있으며 주성분은 티몰과 카르바크롤이다. 정유는 향원료, 약원료로 쓴다. 씨앗으로 번식시킨다.

7. 탄닌식물과 염료식물

칠보산에는 매발톱나무, 산나무, 오이풀, 꼭두서니, 갈매나무, 붉나무, 지치, 짝자래갈매나무, 가막사리, 닭개비, 생열귀나무, 가는잎쐐기풀 등 탄닌식물과 염료식물이 16종 자라고 있다.

▲매발톱나무

(1) 매발톱나무 (Berberis amurensis) : 매자나무과

산기슭 양지바른곳에 퍼져 있다. 특히 박달령 기슭, 알봉 남쪽 기슭에 많다. 잎이 지는 떨기나무이며 줄기는 높이 1~3m 정도 자란다. 줄기는 곧고 가지는 많이 친다. 가지에는 3개로 갈라진 큰 가시가 있다. 꽃은 5월경 잎 짬에서 송이꽃차례를 이루고 피며 연한 노란색, 열매는 타원모양의 물열매. 9월에 붉게 익는다. 나무 속껍질은 노란물감 원료로 쓰며 잎과 열매는 약재로 이용한다. 나무는 관상용으로 심는다. 씨앗으로 번식한다.

(2) 갈매나무 (Rhamnus dahurica) : 갈매나무과

칠보산 거의 모든 지역의 산기슭, 산골짜기, 개울가 등에 퍼져 있다. 잎이 지는 떨기나무이며 줄기는 높이 2~4m 정도 자란다. 줄기와 가지에는 긴 가시들이 성글게 나 있다. 잎은 마주나오고 넓은 거꿀 버들잎 모양이며 변두리에 물결 모양의 작은 에움이 있다. 꽃은 6월경 새 가지의 아랫부분에 모여 피고 작으며 노란 풀색이다. 열매는 굳은씨열매이며 10월에 검은 보라색으로 익는다. 껍질 끓인 것에서는 노란 물감, 열매에서는 보랏빛 붉은 색소를 얻는다. 열매 우린 물은 설사멎이약, 오줌내기약으로 쓴다. 씨앗으로 번식, 관상용으로 어디에서나 심는다.

(3) 신나무 (시닥나무 Acer ginnala) : 단풍나무과

칠보산의 낮은 산기슭에 많이 퍼져 있다. 잎이 지는 작은키나무. 줄기는 높이 2~6m 정도 자란다. 잎은 어긋나고 긴 닭알 모양 또는 버들잎 모양이며 윗부분이 3갈래로 깊이 갈라진다. 가운데 있는 갈래쪽 잎이 제일크며 잎 변두리에 고르지 못한 겹톱 에움이 있다. 꽃은 5월경 가지 끝에 고깔 모양 꽃차례를 이루고 노란 풀색으로 핀다. 열매는 날개열매로 9월에 익는다. 신나무의 잎에는 아세르탄닌이 약 8~15% 들어 있다. 나무껍질은 노란 풀색 색소가 있어 보위색 물감원료로 쓴다. 씨앗으로 번식한다.

(4) 참나무 (상수리나무, 도토리나무 Quercus acutissima) : 참나무과

줄기는 10m 이상 자란다. 참나무는 암수한그루이고 꽃은 5월에 핀다. 수꽃이삭은 햇가지의 밑 부분에 내리 드리워 피고 노란색이며 암꽃은 가지 윗부분의 잎 짬에 1~3개씩 핀다. 열매는 둥그스름한 굳은열매이며 10월에 밤색으로 익는다. 나무껍질, 열매껍질에는 탄닌과 색소가 들어 있다. 탄닌은 3.7~5.17%이다. 껍질은 감색물감 원료, 검은밤색 원료로 쓰고 열매는 먹거나 식가공 원료로 이용. 목재는 단단하므로 배무이재, 차량재로 쓰며 질 좋은 천과 종이도 생산할 수 있다. 씨앗으로 번식한다.

▲참나무

▲붉나무

(5) 붉나무 (오배자나무 Rhus chinensis) : 옻나무과

칠보산의 낮은 산지대의 양지바른 곳에서 자라고 있다. 잎이 지는 작은키나무이며 줄기는 높이 2~5m 정도 자란다. 잎은 어긋나며 3~6쌍의 쪽잎으로 된 홀수 깃모양겹잎이다. 쪽잎과 쪽잎 사이의 잎축에 날개가 있다. 쪽잎은 닭알 모양의 타원 모양이거나 긴 타원 모양이다. 잎은 가을에 붉게 물든다. 꽃은 작고 흰색, 여름에 핀다. 열매는 둥글납작한 작은 굳은씨열매, 겉면에 흰색가루가 있다.

붉나무의 잎에는 때때로 오배자충이 기생한다. 오배자에는 탄닌이 55~66%, 몰식자산 등이 들어 있다. 오배자는 탄닌 원료, 물감 · 잉크 원료로 쓴다. 붉나무의 잎으로는 검은색, 노란보라색 물감을 얻는다. 오배자는 설사멎이약, 피멎이약 등으로 이용한다. 붉나무는 씨앗으로 번식시킨다.

▲오이풀

(6) 오이풀 (Sanguisorba officinalis) : 장미과

칠보산의 산기슭, 길가, 밭 주변 등에 퍼져 있다. 여러해살이풀이며 줄기는 높이 1~2m 정도 자란다. 잎은 꼭지가 길고 홀수 깃모양겹잎이며 쪽잎은 5~13개이다. 어린잎에서는 오이나 수박냄새가 난다. 뿌리와 뿌리줄기는 탄닌과 색소가 들어 있으므로 물감원료로 쓴다. 뿌리줄기는 피멎이약, 가래삭임약, 살균재료로 쓴다. 잎은 꽃이 피기 전에 차대용으로 쓴다. 오리풀의 번식은 씨앗으로 한다.

칠보산에는 이 밖에도 칡, 억새, 말굴레풀, 김의털 등 집짐승 먹이식물로 널리 쓰이는 여러 종의 식물들과 구름나무, 분홍바늘꽃, 부채붓꽃 등 관상용 식물도 많다.

제9장

칠보산 및 인근의
천연기념물

1. 개심사 약밤나무
2. 포중 소나무
3. 명천 오동 나무
4. 고진 소나무
5. 해칠보 백리향 군락
6. 운만대 신의대 군락
7. 명천 곱향나무 군락
8. 단천 향나무
9. 보촌 조개살이터

1. 개심사 약밤나무 (지정번호 222)

명천군 보촌리의 개심사 대웅전 뒤에 있는 나무이다. 지금으로부터 600여 년 전인 조선 초기에 남쪽지방에서 가져다 심은 것으로 전해 오고 있다. 원 모체는 죽고 거기에서 난 제2대가 현재 살아서 밑동 둘레 3.5m, 높이 9m, 나무갓 직경 7m 정도로 자라났는데 그 밑그루에서는 또다시 제3대가 나서 자라고 있다.

나무에 비하여 밤은 적게 달리는데 밤알은 설사를 멎게 하고 꽃은 살충제로 효능이 있다 하여 '약밤나무'라고 한다. 우리나라의 중부지방에서 많이 자라는 약밤나무가 이곳 북부지방에서 자라고 있는 것으로 하여 그 분포와 식물학적 연구에 관심사가 되고 있다.

2. 포중 소나무 (지정번호 321)

명천군 포중리 맨골 어귀로부터 북서쪽 골 안의 산기슭에 있는 나무이다. 지금으로부터 약 200년 전에 함경남도에서 가져다 심은 것으로 전해 오는데 그 생김새가 양산과 같다고 하여 양산솔이라고도 한다. 나뭇가지들은 양산 모양으로 사방 뻗어 나갔고 맨 밑가지는 휘늘어져 땅에 닿을 듯하다. 솔잎은 짧고 빽빽하여 하늘이 보이지 않으며 보통 소나무의 솔방울보다 솔방울이 작고 씨가 없는 것이 특징이다. 포중 소나무는 고진 소나무와 함께 식물상 연구에 의의가 있다. 나무높이는 12m, 뿌리목 둘레는 3.2m, 가슴높이 둘레는 2.8m, 나무갓 너비는 동서로 15m, 북남으로 18m 이다.

▲포중 소나무

3. 명천 오동나무 (지정번호318)

명천군 보촌리 소재지인 중평마을 큰길가에 있는 나무이다. 지금으로
부터 150여 년 전에 심은 것으로 전해 오고 있다. 이 나무는 관상 가치가
클 뿐 아니라 우리나라 오동나무 분포의 북쪽한계선을 보여 주는 것으
로 하여 학술상 의의가 크다. 이 나무는 보촌리의 중평마을에 있다. 나무
의 높이는 13m, 뿌리목 둘레는 3.5m, 가슴높이 둘레는 2.8m, 나무갓 직경
은 13m 정도이다. 잎은 닭알 모양이며 끝이 뾰족하고 밑 부분은 심장 모
양이다. 잎 뒷면에는 연한 밤색털이 나 있다.

4. 고진 소나무 (지정번호 320)

명천군 포하리 포하수산사업소 마을에 있는 나무이다. 지금으로부터

200여 년 전에 고진 어촌에 사는 한 노인이 자기 지방의 풍치를 돋우기 위하여 원산지방에 가서 색다른 소나무 3그루를 가져다가 피나무 껍질로 한데 동여매여 한 구덩이에 심은 것이 현대와 같은 아름다운 모양의 소나무로 된 것이라고 전해 온다. 3개의 그루가 한 뿌리로 엉켜 있고 그 세 그루에서는 2개씩의 가지가 자라나 6개의 가지로 뻗어 있는 3근6지형으로 다른 소나무들과 구별되는 특징이 있다. 나무의 높이는 2.5m, 뿌리목 둘레는 5.5m이다. 나무갓 너비는 동서로 18m, 북남으로 22m이다. 북쪽 가지의 둘레는 2.2m, 동쪽 가지의 둘레는 2.8m이다.

5. 해칠보 백리향 군락

칠보산의 명승 물 맑은 해칠보 바닷가 주변의 산과 바위틈 사이로는 백리향이 무리를 지어 자라고 있다. 백리향이란 식물체에서 나는 향기

▲백리향

가 백 리까지 간다는 데서 붙여진 이름이다. 독특하고 짙은 향기, 꽃의 아름다움으로 하여 매우 이채로운 풍경을 펼쳐 주는 백리향은 경제적으로도 그 이용분야가 많은 식물이다. 해칠보의 백리향 군락은 우리나라의 제일 북쪽지대에 분포되어 있는 것으로 하여 학술적으로 매우 가치 있는 것으로 되고 있다.

6. 운만대 신의대 군락(지정번호 311)

신의대는 우리나라 특산식물로서 현재 화대군 목진리, 명천군 보촌리를 비롯한 함경북도와 함경남도의 바닷가 산지에 분포되어 있다. 천연기념물로 지정된 화대군 목진리의 운만대 신의대 군락은 운만대의 6개 구역에 퍼져 있으며 그 면적은 21정보이다. 신의대는 사철 푸른 대나무인데 높이 50~150㎝, 직경 2~5㎜ 정도 된다. 줄기는 땅속 뿌리줄기 끝에서 모여 나며 보통 4년 산다. 잎은 줄기 윗부분에서 5~8개씩 나는데 긴 타원형이며 끝이 뾰족하고 변두리에는 털이 있다. 꽃은 해마다 피지 않기 때문에 보기 드물다. 운만대 신의대는 개체부리의 발생과정을 연구하는 데서 중요한 의의를 가지므로 잘 보호해야 한다.

이 신의대는 원래 남방식물계통에 속한 것으로 북위 40°55′에 해운만대지역까지 퍼져 있는 것으로 하여 학술연구의 귀중한 대상으로 되고 있다. 신의대가 이곳 북쪽에 퍼진 것은 고려 말 우리 선조들이 왜구를 반대하여 싸우는 데 필요한 무기의 하나인 활과 화살을 만드는 데 쓰는 참대를 얻기 위해 남방에서 가져다 심은 것으로 전해 온다. 처음에는 '고려

조릿대'라고 하여 오다가 '신의대'로 불린다.

7. 명천 곱향나무 군락 (지정번호 319)

명천 곱향나무 군락은 명천군 사리의 청드림산 기슭에서 약 2정보의 면적을 차지하고 있다. 토양은 화강편마암의 풍화층에서 발달한 모래 메흙질 산림 갈색 토양이다. 이 군락은 사철 푸른 잎만을 가지며 줄기가 옆으로 퍼지는 바늘잎떨기나무이다. 줄기는 0.7~3m까지 땅으로 뻗어 나가면서 뿌리를 내리고 가지색 또는 밤색이며 햇가지는 노란 풀색이다. 꽃은 암수딴그루이고 그해 자란 잎겨드랑이에서 핀다. 꽃은 5~6월에 피며 열매는 이듬해에 가을에 익는다. 한 개의 열매 안에는 씨가 2~3개 들어 있다. 사시나무, 소나무, 참나무 등과 같이 자란다. 곱향나무는 보통 해발높이 1,500m 이상에 퍼져 있는데 명천 곱향나무 군락은

▲곱향나무

특수하게 해발높이 400m 되는 곳에 있으므로 그 특성 연구에서 가치 있는 대상이다.

8. 단천향나무

단천향나무는 신명천역에서 8㎞ 떨어진 해발고 400m 되는 산중턱에 있으며 면적은 1정보이다. 단천향나무는 노가지나무과에 속하는 사철 푸른 바늘잎 떨기나무이다. 나무 높이는 1~1.5m 정도이며 줄기는 땅 겉면으로 뻗으면서 자란다. 바늘잎은 짧은 가지 끝에 2개씩 마주 붙거나 3개씩 돌려붙는다. 솔방울은 꽃핀 다음 해 9월경에 여문다. 단천향나무는 관상용으로 널리 심으며 잎이 붙은 가지와 솔방울은 약재로 쓴다.

9. 보촌 조개살이터 (지정번호 317)

명천군 보촌리에는 보천 조개살이터가 있다. 여기에 조개 가운데서 보존 대상으로 되는 것은 조선꽈리조개와 복조개이다. 조선꽈리조개는 섭조개와 여러 가지 바다풀들이 많은 곳에서 사는데 소금기 외 산소가 많은 곳을 좋아한다. 이 조개는 넓은 닭알 모양을 이루고 있는데 색깔은 붉은색을 띤 재색이다. 복조개는 해칠보에서도 특히 보촌리 앞바다의 물깊이 1m 안팎 되는 곳에 집중적으로 퍼져 있다 복조개는 주로 바닥의 바위와 자갈로 된 곳에서 돌과 바위에 붙어사는데 생복과 해삼이 많은 곳을 좋아한다. 복조개는 몸통이 비교적 크며 연한 재색을 띠고 있다. 특히 이 조개는 발이 크므로 물속에서 다닐 때 늘어난 발은 몸통의 2~3배되고 색깔이 진한 빨간색으로 변한다. 그러므로 맑은 물속에서만 사는 이 조개는 바닷속의 큰 보물과도 같이 보이므로 해칠보 바다풍경을 아름답게 장식해 주고 있다. 칠보산에는 이 밖에 해칠보 달문(지정번호 310), 무수단(지정번호 312), 해칠보 무지개바위(지정번호 310), 해칠보 솔섬(지정번호 316), 금강봉과 금강굴(지정번호 315), 로적봉(지정번호 316) 등 천연기념물들이 있다.

제10장

칠보산 명물

1. 바위
2. 굴
3. 봉우리
4. 폭포와 담
5. 칠보산의 기타 명물

1. 바위

(1) 미인바위

승선대에서 동남방향으로 약 200m의 산길을 따라 오르면 해망대에 이르게 된다. 해망대는 이름 그대로 동해바다가 아득히 바라보이는 전망대이다. 여기서는 멀리 북동쪽에 줄지어 서 있는 만장봉, 정문봉 등 외칠보의 웅건한 봉우리들 사이로 하늘과 잇닿아 있는 듯한 푸른 바다가 바라보인다. 해망대에서 동해바다를 본 다음 거북선처럼 생긴 바위와 소나무 뿌리들이 퍼져 있는 너럭바위 위로 얼마쯤 가면 금강봉의 서쪽 비탈면에 가닿게 된다. 금강봉은 알칼리성조면암과 유문암으로 이루어진 바위 봉우리로서 그 호방한 기상과 기묘한 자태로 하여 제일명산으로 손꼽히고 있다. 신생대 제3기에 화산이 뿜어 낸 바위인 금강봉은 밑부분이 누런색이고 윗부분은 분홍색을 띠고 있어 마치 불이 활활 타오르는 듯하다.

미인바위는 바로 이 금강봉에서 동남쪽으로 에돌아 내려가는 벼랑길 옆에 우뚝 솟아 있는 험상궂게 생긴 큰 바위이다. 바위 생김새와는 다르게 미인이라는 아름다운 이름으로 불리게 된 데는 하늘나라에서 온 천불신이 그렇게 좋은 이름을 지어 주었다는 그럴듯한 전설이 깃들어 있다.

(2) 농부바위

회상대의 남쪽방향으로 높이 솟아 있는 세존봉 중턱에는 유다르게 큰 농민모를 쓴 세 명의 농부가 열을 지어 산 능선을 타고 내려오는 모양의

▲농부바위

농부바위가 있다. 농부바위는 회상대에서 바라보면 마치 3개의 부도가 줄지어 서 있는 듯하다고 하여 '삼부도암'이라고도 한다.

(3) 예문암과 가마바위

예문암과 가마바위는 금강골의 동쪽 산줄기에 있는 기암들이다. 회상대에서 내칠보의 아름다운 자연경치를 보고 금강골로 얼마쯤 내려가다가 다시 동쪽 서책암 밑을 향하여 100m쯤 톺아 오르면 원심대가 있다. 여기서부터 동쪽의 서책암 밑을 지나면 한 사람만이 지나갈 수 있는 '천안문'에 이르게 된다. 이것이 사람인ㅅ자 또는 여덟팔ㅅ자 모양으로 된 예문암이고 그 앞의 바위가 가마바위이다.

예문암과 가마바위는 외칠보 은포골의 속이바위, 해칠보 각시바위와 결부되어 옛날 신랑신부가 잔칫날에 칠보산 구경을 왔다가 아름다운 경치에 매혹되어 그 일행과 함께 돌로 굳어졌다는 전설이 전해지고 있다.

▲예문암

(4) 금강골의 저두암

금강골은 제일명산(금강봉)의 북쪽에 있는 웅숭깊은 골짜기로서 일명 자하동이라고 한다. 자하동이라는 말은 16세기 전반기에 이곳을 찾은 임형수가 금강골의 수려한 자연경치와 그 동쪽 산줄기의 기암명소들을 보고 처음으로 이름 붙인 것이다. 금강골의 우거진 소나무숲 속에는 돼지머리를 방불케 하여 '저두암'이라고 부르는 바위가 있다. 이 저두암에는 욕심 사나운 경성 좌수가 욕심을 많이 부리다가 바로 이 바위로 굳어졌다는 전설이 전해 오고 있다.

(5) 장수바위

조롱봉의 두 번째 산발에 이르면 그 기슭에 7m 높이의 네모난 바위가 있는데 마치 수백수천 권의 책을 차곡차곡 쌓아 놓은 것처럼 보인다고 하여 책바위라고 한다. 윗면에 차양 돌까지 씌워져 있어 눈비로부터 책을 보호하려는 듯하다. 책바위를 지나 약 50m쯤 오르면 늙은 여인이 손녀를 안고 서 있는 듯이 보이는 9m의 거인암이 있고 그 위에는 갑옷을 입고 서 있는 듯한 장수바위가 있다. 이 장수바위에는 방금 먹이를 발견하고 바위벽을 타고 기운차게 기어오르는 듯한 모양을 한 악어바위가 있다. 장수바위 주변에는 목을 길게 빼 든 말머리 비슷한 말바위와 여러 가지 새들이 앉아 지저귀는 듯한 새바위 등이 있다. 이 바위들에는 자기가 실컷 타고 다니며 부려먹던 연약한 말을 사정없이 때리다가 부처의 벌을 받고 돌로 굳어졌다는 미련한 장수에 대한 이야기가 전해 오고 있다.

(6) 황소바위

황소바위는 상매봉구역의 문암골로 오르다가 왼쪽 산마루에 있는 기묘한 바위이다. 금장사 부도가 있는 데서 문암골로 얼마쯤 올라가면 왼쪽 산허리에 마치 세 사람이 서로 맞붙어 인사를 하는 것처럼 보이는 '삼례암'이 있다. 계속하여 소나무, 참나무, 단풍나무 우거진 숲 속으로 문암골의 중간쯤 올라가 왼쪽 산등말기를 바라보면 신통히도 힘센 황소가 목덜미를 꿋꿋이 세우고 짐을 잔뜩 실은 발구를 끌고 있고 그 뒤에서 한 농군이 소를 몰고 가는 형상을 한 황소바위와 농군바위가 있다. 이 바위들에는 송아지와 그것을 물어 가던 늙은 범에 대한 전설이 전해 오고 있다.

(7) 처녀바위와 총각바위

만물상구역의 장수봉 기슭에는 여러 가지 형상을 하고 있는 큰 바위들이 우뚝우뚝 서 있는데 그 가운데서도 관광객들의 눈길을 끄는 것은 처녀바위와 총각바위이다. 만물상구역은 맹수봉, 장수봉 남쪽 비탈면에 이루어진 명승지인 가전동과 만장봉, 문수봉, 궐문봉 남쪽에 펼쳐진 만물상을 포괄하고 있다. 이 구역에 대한 관광은 외칠보 휴양각에서 가전동의 명소들을 돌아본 다음 만물상을 유람할 수도 있고 이와 반대로 만물상을 먼저 보고 가전동을 돌아볼 수도 있다.

외칠보 휴양각에서 북쪽에 솟아 있는 석룡봉 말기를 바라보면 두 층으로 줄지어 빼곡히 앉아 있는 새들처럼 보이는 봉서암과 그 서쪽으로 매가 춤을 추는 듯한 형상을 한 커다란 바위라고 하여 이름 지은 매바위를 볼 수 있다. 지난날 가전동에 있는 다리라고 하여 가전교라고 불리던 만장봉다리에서 내칠보로 가는 자동차 길을 따라가노라면 맹수봉 중턱의 입석암을 비롯하여 봉소대, 갑옷바위, 박비굴, 쌍벽암 등의 명소들을 보게 된다.

쌍벽암을 보고 얼마쯤 더 가면 오른쪽 장수봉 말기에서 뻗어 내려온 산중턱에 처녀바위가 있고 그 옆으로 100m쯤 떨어져서 총각바위가 있다. 그리고 처녀바위 밑에는 말끄러미 처녀를 올려다보는 고양이를 방불케 하는 고양이바위가 있다. 처녀바위는 빗물이 젖은 치마폭을 한 손으로 감싸 쥐고 비옷을 걸친 채 수줍은 듯이 서 있는 얌전한 처녀 모습 그대로이다. 총각바위는 무뚝뚝하고 순박한 총각이 처녀에게 첫사랑을 고백하여 어색하게 서 있는 것처럼 보인다.

자연바위의 형상이 너무도 생생하고 신통하여 길 가던 사람들은 모두 발길을 멈추고 이 바위들을 이모저모로 뜯어보면서 웃음을 금치 못해 한다. 이 바위들에는 내원동의 총각과 가전동의 처녀가 사랑을 언약한 순간 돌로 굳어졌다는 전설이 전해 오고 있다.

(8) 부월암과 촉혈암

외칠보 만물상에는 부월암과 촉혈암이라는 기묘한 바위들이 있다. 만장봉, 문수봉 남쪽의 바위벼랑에 펼쳐진 천태만상의 기암들과 그 주변 명소들을 포괄하고 있는 만물상구역에 대한 관광일정은 외칠보 휴양각

동쪽 만장 계곡의 오른쪽 능선을 타고 올라갔다가 새길령의 소로길을 따라 내려오도록 되어 있다. 만장계곡에 들어서면 왼쪽에 송이버섯 형태의 기묘한 바위 하나가 눈에 띄는데 이 바위가 바로 보는 사람마다 웃음을 자아내게 하는 웃음바위이다.

그 동쪽에는 바람에 휘날리는 깃발처럼 보이는 깃발바위가 있다. 여기서 더 오르면 화려하게 솟아 있는 만장봉과 맞서게 되는 산중턱에 이르게 되는데 투구와 연꽃 모양을 한 투구바위와 연꽃바위가 이채를 띠고 있다. 동쪽으로 굽이진 길을 따라 오르다가 길을 가로지를 듯한 용마바위를 지나 나지막한 등성이에 이르게 되면 천태만상의 기암들로 이루어진 문수봉의 장쾌한 경관이 눈앞에 펼쳐지고 발밑에는 부월암이 있다.

부월암 남쪽에 만물상 전망대인 낙선대가 있다. 옛날 칠보산 경치가 하도 아름다워 하늘의 선녀들이 내려와 놀았다는 이 낙선대에서는 만물상의 웅장기발한 경치가 한눈에 안겨 온다. 낙선대는 문수봉 줄기가 뻗어 내려오다가 여기서 그 무엇에 뭉텅 잘리운 것처럼 된 곳으로 밑은 수백 길 뚝 떨어진 벼랑이다. 북쪽으로는 하늘을 찌를 듯이 높이 솟은 궐문봉이 만장봉과 잇닿아 있는데 궐문봉 밑에는 궐문을 지켜선 파수병 같다는 기암들이 있고 그 동쪽에는 옛날 선녀들이 칠보산에 오르내릴 때 이용하던 사다리처럼 보이는 승천봉이 있다. 동쪽으로는 월낙봉으로부터 뻗어 내린 산줄기에 온갖 물형을 나타내는 기암들이 줄지어 서 있다.

낙선대는 좋은 전망대일 뿐 아니라 그 주변에는 세상만물이 여기에 와서 제 모양을 돌로 깎아 놓고 간 듯 천만 가지 모양의 돌바위들이 꽉 들어차 신비경을 이룬다.

낙선대 밑에는 크고 작은 구멍이 숭숭 나 있는 촉혈암이 있다. 부월암과 촉혈암에 난 자리는 그 옛날 장수들이 힘을 키우느라 푹푹 찍어 놓은 도끼자리와 화살을 쏘아서 낸 구멍자리라고 한다.

(9) 독수리바위

외칠보 만물상과 월낙봉 줄기에는 각각 검은 독수리 모양의 독수리바위들이 있다. 만물상 전망대인 낙선대에서 북동쪽의 승천봉으로 올라가는 바위벼랑길에는 털을 일떠세우고 용을 쓰는 것 같은 독수리바위가 있다. 이곳에는 비둘기바위, 기러기바위, 박쥐바위, 토끼바위 등 그 어떤 새와 짐승의 이름도 다 붙일 수 있는 기묘한 바위들이 있다. 그리고 은선골(은포골) 입구에서 보촌천을 따라 200m쯤 내려가면 길 왼쪽에 작은 골짜기가 있다.

이 골 안에서는 월낙봉 줄기에 놓여 있는 천태만상의 기암들이 색다르게 보이는데 그 동쪽 산마루에는 북쪽 만물상을 향해 위엄 있게 앉아 있는 듯한 또 하나의 독수리바위가 있다. 이 두 개의 독수리바위에는 칠보산 산신령의 엄벌을 받아 돌로 굳어졌다는 전설이 전해 오고 있다.

(10) 용상바위와 사자바위

외칠보 만물상 동쪽에는 다섯 개의 봉우리로 이루어진 월낙봉이 있다. 월낙봉의 제일 높은 곳에 자리 잡고 있는 봉우리의 뒷면에는 달나라의 옥토끼가 빠져나와 만물상의 밤경치를 구경하였다는 월낙문이 있다. 월낙봉 산줄기에는 용상바위, 침상바위, 사자바위들이 있는데 이 바위들에는 하늘세계의 옥황상제가 칠보산에 내려와 만물상을 구경하였다는 전설이 전해 오고 있다.

(11) 선돌과 누운돌

외칠보 통연구역 입석동에는 선돌(입석)이 있고 그 북쪽의 화성천 대안에는 광암리 원시유적으로 소개되고 있는 누운돌이 있다. 이 고장 사람들은 선돌을 남편인 힘장사를 상징하는 '장군대'로, 누운돌을 아내를 상징하는 '옥녀암'이라고 불러 오고 있다. 통연구역은 오늘의 화성군 양천리와 입석리 일대의 명소들을 포괄하고 있는 외칠보 명승지의 하나로서 여기에는 예로부터 경치 좋은 명소들이 많다. 이 명승구역은 관광객들이 양천리 소재지로부터 먼저 입석동의 선돌을 본 다음 홍계천 상류의 용연과 그 주변의 명소들을 돌아보도록 되어 있다.

양천리 소재지에서 자동차를 타고 서쪽으로 약 8㎞ 가면 봉암천을 건너는 다리가 있고 그곳을 지나면 입석마을이 있다. 선돌은 이 마을의 동북쪽 방향에 거연히 솟아 있다. 무연한 평지에 103m 높이를 가진 선돌은 부근의 그 어디에서나 잘 보인다. 남쪽에서 선돌을 바라보면 평지의 흙산 위에 우뚝 솟아 있는 삼각형의 바위봉우리처럼 보인다.

선돌은 그 밑 부분이 탈린 기둥형 틈결이고 윗부분은 네모형 틈결로 되어 있어 칠보산의 수많은 기암들 가운데서도 쉽게 찾아볼 수 없는 모양새를 가지고 있다. 게다가 선돌 기슭에는 철 따라 여러 경관을 나타내는 진달래를 비롯한 떨기나무들이 자라고 있어 잿빛 풀색 나는 선돌의 아름답고 장엄한 모습을 더 한층 돋워 준다. 선돌 북쪽의 화성천 대안에 있는 누운돌은 암질 구성이 선돌과 같고 관광객들의 좋은 놀이터가 되고 있다.

(12) 최석금 바위

황진보촌구역은 우동에서 중평까지의 바닷가에 펼쳐진 명승지로서 행정구역상으로는 명천군 황진리, 보촌리에 속한다. 최석금바위는 황진만의 천길 바위벼랑인 직승암 마루에 자리 잡고 있는 명소이다. 그 생김새가 마치 지팡이를 짚고 앞서가는 가사를 걸친 승려와 그 뒤를 따르는 아기 업은 여인, 주인을 따라나선 강아지를 방불케 한다. 이 바위들에는 황진의 심술 사나운 최석금 지주가 부처의 벌로 벼락을 맞을 때 돌로 굳어져 버렸다는 전설이 깃들어 있다.

(13) 봉소진의 기둥바위

송호의 해만물상에서 남쪽의 마호를 지나면 봉소진나루가 있다. 봉소진은 벌집처럼 구멍이 숭숭 뚫어져 있는 바위들이 있는 곳에 생긴 나루라는 데서 생긴 이름이다. 봉소진 뒤로는 평덕산 줄기가 뻗어 내려오다가 해안 낭떠러지에 수많은 돌기둥을 깎아 해변가에 세운 듯한 기둥바위가 있다. 마치 재능 있는 석공이 먹금을 치고 다듬어 세운 듯한 이 돌

기둥 가운데서 한 기둥바위만은 밑그루가 튀어나와 옆으로 넘어지면서 다른 바위에 기대어 있는 모습이 보인다.

가운데서 한 기둥바위만은 밑그루가 튀어나와 옆으로 넘어지면서 다른 바위에 기대어 있는 모습이 보인다.

(14) 고진

해칠보 포하구역에는 예로부터 어장, 염장(소금구이장)으로 이름난 고다보진이 있다. 포하구역은 줄바위가 있는 현암마을의 바닷가로부터 남쪽 운만대의 옥화문에 이르는 10㎞ 구간에 펼쳐진 해안 절경을 포괄하고 있는 명승지로서 행정구역상으로는 명천군 포하리와 화대군 목진리에 속한다. 줄바위를 떠나 포하천 하구의 경평마을을 지나면 바다 쪽으로 쑥 내민 곳에 연대봉이 우뚝 솟아 있다. 그 밑뿌리의 바다 기슭에는 한 자루의 붓을 세워 놓은 듯한 붓바위가 있고 붓바위 옆에는 연적바위가 있다. 붓바위는 일명 초대바위라고도 한다.

연대봉 돌출부의 해안선을 에돌아가면 고진에 이르게 된다. 고진 앞바다에는 거센 파도에도 끄떡없는 후석근바위, 전석근바위라는 두 개의 바위섬이 있다. 후석근바위 남쪽의 바다 기슭에 수직으로 된 바위틈결로써 벼랑을 이루고 있는 깎아지른 듯한 바위산이 바다 쪽으로 삐죽이 내밀고 있다. 이것이 예로부터 고다보진의 명소로 알려진 탑꽃이다. 그 옆에는 바위굴로 관통되어 있는 코끼리바위가 있다.

전마선을 타고 나들 수 있는 바위굴과 연결되어 있는 코끼리바위는 멀리서 보면 틀림없이 바닷물에 코를 잠그고 있는 코끼리의 형상이다. 그래서 이곳을 '상암벼랑'이라고 부르고 있다. 탑꽃이에는 섬 위에 키 낮은 소나무들이 자라고 있는 솔봉섬이 있어 이곳 해안 절경을 북돋워 주고 있다. 더욱이 탑꽃이 바닷가에는 해칠보의 다른 곳에서는 찾아볼 수 없는 여러 가지 모양의 크고 작은 조약돌들과 모래가 쭉 깔려 있어 해칠보 관광에서 휴식의 한때를 즐길 수 있는 좋은 놀이터로 되고 있 다. 이처럼 아름다운 경관을 나타내고 있는 고진은 예로부터 이름난 어 장이었다.

2. 굴

(1) 용신굴과 제자굴

용신굴과 제자굴은 만사봉에 있는 바위굴이다. 개심사 북서쪽에 있는 개심대에 오르면 로적봉, 나한봉, 종각봉, 천불봉, 만사봉 순서로 놓인 내칠보 5봉이 눈앞에 환히 안겨 온다. 이 다섯 개의 바위산들의 이름은 지난날 스님들이 그 생김새를 보고 지은 것인데 마치 공양미의 쌀토리 를 쌓아 놓은 노적가리 같다고 하여 로적봉이라 하였고 부처의 제자들 인 나한들이 모인 듯하다 하여 나한봉이라 하였다. 종각봉은 종을 하늘 공중에 대고 거꾸로 매단 것과 같고 천불봉은 이 세상 부처를 다 모아 놓 은 듯하며 만사봉은 수많은 절을 충충으로 세운 듯한 모양이라 하여 붙 인 이름이다.

이 봉우리의 중턱에는 길이 6m의 용신굴(또는 스승굴)이 있고 그 밑에는 '제자굴', '계종굴'이라는 두 개의 바위굴이 있다. 용신굴과 제자굴에는 이곳에서 무술을 닦고 전장으로 떠나간 스승과 제자에 대한 전설이 전해 오고 있다.

(2) 강선굴과 대장굴

강선굴과 대장굴은 서책암(또는 책암) 밑에 있는 바위굴이다. 강선굴이란 이름은 아득한 옛날 칠보산에 내려왔던 선녀들이 묵어갔다고 하여 불린 이름이고 대장굴은 불교경전인 대장경을 두었던 굴이라 하여 생긴 이름이다. 개심대에서 내칠보 5봉을 본 다음 동쪽 등마루를 타고 100m쯤 올라가면 옛날 칠보산의 자연경치가 하도 아름다워 선녀들이 내려와 놀다가 하늘로 올라갔다는 승선대에 가닿게 된다.

승선대는 내칠보 관광의 좋은 전망대로서 이곳에 오르면 금강골(또는 자하동) 동쪽과 서북쪽 산줄기에 여러 가지 물형을 닮은 기기묘묘한 바위들이 우뚝우뚝 줄지어 솟아 있어 관광객들의 눈을 황홀케 한다. 금강골 동쪽을 바라보면 선녀들이 달맞이 구경을 하면서 춤과 노래로 즐겼다는 만월대, 무희대, 우산처럼 생긴 우산바위, 절간 또는 기와집 같은 사암(기와집바위)이 있다. 틀림없는 절간 또는 기와집이라고 보는 사람들은 누구나 다 경탄을 금치 못하는데 그 밑에는 이와 대조되게 초옥암(초가집바위)들이 소나무숲 속에 줄지어 있다. 이 사암과 초옥암은 지난 착취사회에서 산 사람들의 빈부의 차이를 대조시켜 해석할 수 있는 기묘한 바위이다.

사암 남쪽에는 배바위, 사공바위가 있고 그 옆으로는 조아암, 반두암, 조위암 순위로 기묘한 바위들이 줄지어 있으며 조위암 남쪽에는 탁자암(또는 풍금바위)이 있고 그 밑에 마치 팔만대장경을 쌓아 놓은 듯한 서책암이 있다. 강선굴과 대장굴은 바로 이 서책암 밑에 있는 바위굴인데 여기에는 100일 도(정신수양을 쌓는 것)를 닦는 데 성공한 두 청년들의 강의한 의지에 대한 전설이 전해 오고 있다.

(3) 오적굴

내칠보 등산에서 관광객들이 놓치지 말아야 할 명승지는 내원구역이다. 이 명승구역은 금수봉, 반월봉의 기암괴석들로써 특이한 경관을 나타내고 있는 내원동과 판와동(너레골), 안심동의 명소들과 그 주변 경치를 포괄하고 있는 명승지이다. 이 구역에 대한 관광은 먼저 내원동 명승지를 유람한 다음 판와동, 안심동의 순서로 하며 그와 반대로 판와동, 안심동, 내원동 순서로 관광할 수도 있다.

내원동의 명소들로는 금수봉과 반월봉에 펼쳐진 거조암, 저두암, 사자바위, 부엉이바위, 곰바위, 손뼉바위, 뻐꾸기바위, 유모암, 문관암, 판와동의 합수담, 너레폭포, 탈바위, 떡바위, 거북바위, 인형바위, 안심동의 수릉암, 용두암, 창검바위 등을 들 수 있다.

내원구역을 유람한 다음에는 그 북쪽에 있는 외칠보의 심원동(내산동) 명승지를 관광할 수도 있다. 내원동에서 보촌리로 가는 자동차 길을 따

▲선바위

라 600m쯤 내려가면 길 왼쪽 바위벽에 범바위가 있고 그로부터 약 1.3㎞ 가면 횃불암이 우뚝 솟아 있다. 심원동은 바로 이 횃불암 서북쪽에 있는 골짜기다. 심원동에는 입구의 수리봉을 비롯하여 장군바위, 검마바위, 옥류담, 명경암, 용성암, 오적굴, 치마바위, 심원폭포, 만경폭포 등 이름난 명소들이 많다.

이 가운데서 심원골 막바지의 바위절벽 밑에 있는 오적굴은 길이가 42m, 높이가 1.5m가량 되는 큰 바위굴이다. 이 굴은 다섯 놈의 비적들이 살았다 하여 오적굴, 또는 이 굴에서 악행을 감행하던 도적들을 처단해 버렸다고 하여 복수굴이라고도 부른다.

(4) 선바위와 얼음굴

외칠보 선암구역의 선암동에는 예로부터 명소로 널리 알려진 선바위와 얼음굴이 있다. 지금 다호리 북동쪽에 자리 잡고 있는 선암동은 선바위(선암)가 있는 것으로 하여 생긴 이름이다. 선바위는 선암마을의 북동쪽으로 바라보이는 기묘한 바위인데 그 밑면이 약 200m 되는 길이에 수십 미터의 높이를 가진 기둥바위들이 하늘을 떠받들고 있는 듯이 밀집되어 있어 하나의 큰 바위산을 이루고 있다. 현무암의 세로 난 틈결이 기둥처럼 보이는 이 선바위는 마치 재능 있는 석공이 돌바위산에 먹줄을 세로로 긋고 하나하나 다듬어 놓은 것처럼 아름답고 장쾌한 모습을 나타내고 있다.

선바위의 동쪽 비탈면에는 중기당이라는 기암이 있고 그 밑으로는 뱀대골(비좁은 골짜기라는 뜻)에서 시작하여 선바위 아래 골짜기로 흘러내리는 선바위전이 있다. 선암마을에서 선바위전을 건너 맞은편 등성이로 한참 오르노라면 뱀대골에서 독포리로 가는 새로 닦은 길이 나온다. 여기서 20m쯤 가면 바로 선바위 밑에 다다르게 된다.

선바위 밑에는 집채 같은 큰 바위들과 작은 바위들이 층층으로 얼기설기 겹쌓여 있다. 이 바위무지는 오랜 옛적에 지각이 침강되면서 이루어진 것이다. 바위무지는 가운데가 푹 우므러들었는데 그곳에 내려서면 온도가 주변의 대기온도보다 훨씬 낮아져서 무더운 여름철에는 더운 줄 모르게 되며 바위틈에 뿌리박고 자라는 철쭉꽃이 한창 피어난 것을 보게 된다. 여기에는 사람들이 통바위 밑으로 빠져 들어갈 수 있는 여러 갈래의 굴이 있는데 그 속에서 찬 기운이 솟구쳐 오른다. 굴로 들어가면 삼복더위에도 녹지 않는 얼음덩어리들이 바위벽에 맺혀 있다. 이것이 바로 선바위 앞에 있는 얼음굴이다. 이곳 사람들은 옛날이나 지금이나 이 얼음굴에 맺힌 얼음을 가져다가 여름 한철의 특산물로 여기면서 널리 이용하고 있다.

얼음굴 서쪽 바위무지에는 장승처럼 생긴 2~3개의 장승바위가 서 있는데 그 모양이 마치 얼음굴을 내려다보는 사람처럼 보인다. 여기서 동북쪽으로는 뱀대골이 있고 그 동쪽의 산중턱에 부도암(부도바위)이 있다. 선바위, 얼음굴에는 옛날 재능 있는 어느 한 석공이 도끼, 자귀, 대패를 가지고 의정사 건축에 필요한 100개의 돌기둥을 다듬다가 마지막 한 개를 끝내지 못한 채 쓰러져 죽었다는 전설이 전해 오고 있다.

(5) 솔섬과 용굴

유람선을 타고 해안가를 따라 내려오노라면 환진보촌구역의 직석암과 최석금바위를 지나 돌출부인 복수 끝에 이르게 된다. 바로 여기서부터 해안선의 단애절벽과 기암괴석, 섬들로써 절승경개를 이루고 있는 해칠보 만물상이 나타나게 된다.

해만물상에 이르면 하늘을 찌를 듯 끝이 뾰족뾰족한 바위들이 수없이 일떠서 있어 마치 수많은 촛불이 타오르는 듯한 촉석암과 송호 일대의 절벽바위 가운데서 경치가 제일 아름다운 송일암, 그리고 부인암, 낚시터 등 명소들이 연이어 펼쳐진다.

촉석암, 송일암, 부인암을 지나면 해만물상에서 으뜸가는 명소의 하나인 솔섬이 나타나며 그 오른쪽 바위벼랑 위에는 붓대처럼 끝이 뾰족한 문필암이 보인다. 이미 15세기 말부터 세상에 널리 알려진 솔섬은 바위 위에 키 낮은 소나무들이 다북다북 서 있다고 하여 송도라고 불려 왔다. 높이 34m, 둘레 0.35km인 솔섬은 육지 쪽으로는 천 길이나 될 듯 아슬아슬한 바위벽이어서 감히 접근할 수 없으나 바다 쪽으로는 돌부리들이 빠져나와 이를 부여잡고 섬에 오를 수 있다. 섬 위에 올라가 보면 바위 한가운데가 갈라져서 휑하게 구멍이 났는데 파도가 바위턱을 들이받고 들어와 하나의 맑고 청청한 못으로 된 용굴이 있다.

솔섬 위에는 동일정이란 작은 정각이 있었으나 지금은 섬의 아름다운 풍치에 잘 어울리는 아담한 정각이 세워져 있다. 솔섬과 용굴에는 바다 용을 요정 낸 채 장수에 대한 전설이 전해 오고 있다.

3. 봉우리

(1) 조롱봉

조롱봉(500m)은 상매봉구역에 자리 잡고 있는 명소의 하나이다. 상매봉구역은 여러 가지의 기암괴석들로 색다른 경관을 보여 주는 조롱봉과 칠보산의 주봉을 이루며 좋은 전망 경치를 볼 수 있는 명소들이 많은 상매봉을 포괄하고 있는 명승지로서 개심사구역 다음으로 탐승하게 되는 곳이다. 상매봉구역에 대한 관광일정은 개심동의 내칠보다리에서 박달령으로 가는 자동차 길을 따라 올라가면서 온갖 물형을 나타내는 조롱봉과 그 주변의 명소들을 보고 금장사터를 지나 옛날의 칠보산 등산길이었던 문암령을 거쳐 상매봉 꼭대기에 오르는 것으로 되어 있다.

내칠보다리에서 북쪽 바위산 중턱에 병풍을 둘러친 듯한 병풍바위와 그 서쪽에 날개를 접고 돌아앉아 있는 것처럼 보이는 뻐꾸기바위를 보고 보촌천 상류로 오르는 길을 따라 조금 가면 개울 북쪽에 보이는 뾰족뾰족한 크고 작은 봉우리들이 바로 조롱봉이다. 북서쪽에 우뚝 솟은 알봉으로부터 4개의 작은 산줄기가 개울까지 뻗어 내려와 있는데 그 매개 산발에는 마치 새조롱처럼 조롱조롱 매달려 있는 듯한 기암괴석들이 있다고 하여 조롱봉이라고 한다. 조롱봉에는 투구바위, 용마바위, 책바위, 거인암, 장수바위 등 상이한 모양의 기묘한 바위들이 있어 관광객들의 눈길을 끈다.

이곳에는 여름 한철 녹음이 우거지면 '명천회서방새'라고 전하는 새가 날아와 처량한 소리로 울곤 한다. 몸매는 크지 않으나 노란 부리에 암청색의 깃을 가진 아름다운 새이다.

(2) 문암령

문암령은 상매봉의 북쪽 허리를 가로질러 내칠보의 개심사 명승구역으로 넘어가는 고개로서 박달령의 동남쪽에 있다. 이 영마루에는 문바위가 있고 박달령으로부터 포하로 넘나드는 길이 있다. 문바위는 사람과 말이 통과할 수 있는 너비로 길 양쪽에 두 개의 바위가 마주 서 있는 바위문이다. 옛날에는 양쪽의 두 바위의 높이가 꼭 같았는데 언제인가 벼락을 맞아 한쪽 바위가 사람 한 길 정도 낮아졌다고 한다.

박달령 길이 개척되기 이전에는 사람들이 상매봉 허리의 등판을 부대밭으로 개간하면서 이 문암령 길을 많이 이용하였다.

(3) 상매봉

상매봉은 문암령의 남동쪽에 자리 잡고 있는 칠보산의 주봉이다. 이 산은 그 생김새가 날려는 매가 두 날갯죽지를 펼치려는 모양과 같다고 하여 상응봉이라고 하며 구름과 안개가 자주 끼는 산이라고 하여 운문산이라고도 불려 왔다. 문암령의 문바위를 보고 포하로 가는 길을 따라 얼마쯤 가면 상매봉 꼭대기로 오르는 길이 있다. 백색 규장암 편석이 깔려 있는 산 능선을 따라 톺아 오르다가 산정에 올라서면 하늘에 오른 듯 구름을 탄 듯 칠보산의 천봉만학이 발아래에 펼쳐진다. 여기서는 천변만화로 수놓아진 내칠보의 아름다운 자연 풍치와 만경창파로 뒤설레는 해칠보의 경관이 한눈에 안겨와 관광객들의 가슴을 설레게 한다.

상매봉 꼭대기의 남서쪽 비탈면에는 누운참나무, 누운소나무숲만 이루어져 있고 동남쪽 기슭에는 소나무, 잣나무, 전나무, 사시나무, 박달나무 등 수림이 우거진 포하계곡과 연결되어 있으며 북쪽 기슭에는 높은 산지대에서 사는 백산차, 월귤나무, 들쭉나무, 만병초, 철쭉 등이 자라고 있어 고산지대의 경관을 나타내고 있다.

상매봉에 올라 사방을 둘러보면 참으로 웅대하고 장쾌하다. 남쪽으로는 수려한 하매봉, 까지봉을 넘어 멀리 화대 앞바다와 양도, 알섬이 바라보이고 서쪽으로 눈을 돌리면 멀리 길주읍과 명천읍의 전경이 펼쳐져 있으며 북쪽으로는 박달령, 천덕산을 지나 화성군의 일부 지역이 바라보인다.

상매봉 마루의 동서로 펼쳐진 내외칠보의 높은 봉우리들과 골짜기들은 모두 겨드랑 밑에 든 듯하고 손을 뻗치면 닿을 것 같다. 그 가운데서 뚜렷하게 안겨 오는 것은 서북 방향의 함경산 줄기와 연결되어 있는 피자령과 재덕산, 북동 방향에 펼쳐진 천불봉과 금강봉, 동남 방향의 수림 우거진 포하계곡과 탑꽂이의 바다 경치이다. 여기서 신기한 것은 동해까지 멀리 내다보이다가도 잠깐 사이에 산도 바다도 안개구름 속에 잠겨 수십 미터 앞도 보이지 않는 변화가 일어나는 것이다.

상매봉 전망 경치에서 손꼽히는 것의 하나는 동해의 해돋이와 저녁노을 비낀 산 모습이다. 상매봉 꼭대기에서 서쪽으로 얼마쯤 내려가면 칠보산 절경이 하도 아름다워 한 무관이 죽어서도 칠보산에 묻히고 싶어 상매봉에서 자결하였다는 이군관묘가 있고 그 옆에는 그가 타고 왔던 말 무덤이 있다.

(4) 새길령

외칠보 만물상구역의 궐문봉과 월락봉 사이에는 새길령이 있는데 지도상에는 '신도령'으로 기록되어 있다. 낙선대에서 만물상 절경을 보고 동쪽 방향의 수림 속 길로 1㎞쯤 가면 새길령 마루에 올라서게 되는데 여기서 북동쪽을 바라보면 동해바다가 한눈에 안겨 온다.

새길령에는 황진에서 가전동으로 통하는 지름길이 있는데 이 새길령 길이 개척된 다음부터 황진 사람들은 보촌을 거쳐 다니던 수십 리 길을 에돌지 않고 곧바로 가전동으로 오게 되었다. 만물상구역에 대한 관광 노정도 바로 이 길을 이용하여 가전골의 보촌천으로 내려오게 되어 있다. 새길령 서북쪽 50m 지점에는 이 지름길을 처음으로 개척한 황진 사람 정상인의 공적을 후세에 길이 전하기 위하여 세운 대리석 비석인 신도령비가 있다. 비의 앞면에는 그의 새령길 개척을 기념하여 세운 비석이라는 뜻에서 '정공상인개신로기적비'라는 글이 있고 오른쪽 면에는 비석을 세운 것이 1881년 3월이라는 글이 새겨져 있다.

(5) 와룡칠봉

와룡칠봉은 보촌마을의 동남쪽 바닷가에 솟아 있는 일곱 개의 나지막

한 봉우리이다. 보촌마을의 해변가에는 한끝은 산비탈에 박고 다른 한 끝은 바다에 뿌리박은 무지개 모양의 기묘한 바위가 있다. 그 밑의 반달 같은 구멍이 뚫린 굴로는 파도가 들이닥쳐 은빛 꽃다리를 이루고 있다. 이것이 바로 보촌마을의 명소로 되고 있는 무지개바위이다.

무지개바위 앞바다에는 파도에 자취를 감추기도 하고 드러내기도 하는 산호바위가 있는데 그것은 바위 밑에 산호초들이 많이 살고 있다고 하여 생긴 이름이다. 산호바위 위의 찰랑찰랑 물결치는 파도 위로는 갈매기, 까막가우지 등 바닷새들이 너울너울 춤을 추고 있어 이곳 해변가의 운치를 더 한층 돋워 준다.

유람선을 타고 무지개바위와 산호바위를 보노라면 배는 어느덧 거센 파도로부터 보촌마을을 보호해 주기 위하여 솟아 있는 듯한 와룡칠봉을 지나게 된다. 약 2㎞ 정도의 구간에 열을 지어 우뚝우뚝 솟아 있는 일곱 개의 나지막한 봉우리들은 마치 용이 누워 있는 듯한 형국이라고 하여 와룡칠봉이라고 한다.

4. 폭포와 담

(1) 만탑골

내칠보 삼선암명승구역의 출발지점인 포하천 상류의 한삼포(포상동) 에서 얼마쯤 올라가면 만탑골이 있다. 만탑골은 여러 개의 자연석을 쌓아 만들어 놓은 돌탑들이 많이 서 있는 골짜기라고 하여 생긴 이름이다.

삼선암구역은 금강봉의 남쪽 세존봉과 그 동쪽의 덕봉의 남쪽 비탈면에 이루어진 내칠보 명승지의 하나로서 여기에는 삼선암, 군선암 등 온갖 물형을 나타내고 있는 기암괴석들이 집중되어 있다. 이 명승구역은 산악미의 극치로서 '내만물상'이라고 부를 수 있으리만치 아름다운 경관을 나타내고 있는 곳이지만 현재까지 널리 알려져 있지 않은 명승지이다. 삼선암구역의 출발지점인 한삼포로 가는 길은 해칠보의 포하리로부터 포중을 거쳐 가든가 청계동 칠보산휴양소에서 옥태봉을 넘는 옛길을 이용하여 갈 수도 있다. 한삼포에서 포하천 상류로 올라가면 옥태봉에서 넘어오는 길이 있고 조금 더 오르면 돌탑이 군데군데 서 있는 만탑골에 다다르게 된다.

(2) 칠선폭포와 2선담

외칠보 황진온천구역의 칠선골에는 칠선폭포와 2선담이라는 명소가 있다. 황평마을에서 남쪽 방향의 길로 가노라면 황진리 소재지에 못미처 황진나루가 있는데 그 서쪽 골짜기를 칠선골이라고 한다. 칠선골은 황진나루와 잇닿아 있는 골짜기라고 하여 나룻골이라고도 불린다. 황진나루는 지금으로부터 200년 전만 하여도 세 집의 어부들과 세 척의 작은 고깃배가 있었던 자그마한 나루였으나 지금은 많은 문화주택과 고깃배들이 있는 큰 어촌으로 전변되었다.

칠선골에서 손꼽히는 명소는 칠선폭포이다. 14m 높이의 바위벼랑에서 내리쏟아지는 폭포수가 안개처럼 흰 갈기를 날리면서 그 아래의 담소에 떨어지는 칠선폭포는 주변의 소나무, 잣나무, 단풍나무들과 조화되어 사철 색다른 경관을 나타내고 있다.

칠선폭포가 있는 아래 골짜기에는 황소뿔 모양의 소뿔담, 6m 길이의 누운폭포와 잇닿은 복숭아담(도담), 옹배기의 맑은 물이 넘쳐나는 듯한 옹배기담, 보시기처럼 생긴 보시기담, 계절폭포 밑의 위담 등 다섯 개의 기묘한 담소들이 있다. 칠선폭포 윗 골짜기에는 크기와 모양이 서로 비슷한 두 개의 담소가 있는데 이것을 2선담이라고 한다. 칠선골의 칠선폭포, 2선담과 관련하여 칠보산 절경이 하도 아름다워 하늘에서 선녀들이 내려와 놀면서 목욕을 하였다는 전설이 전해 오고 있다.

(3) 삼형제폭포와 원심담

삼형제폭포와 원심담은 칠보산의 연봉인 상매봉, 하매봉의 서쪽 지역에 있는 외칠보의 선암구역에 있다. 선암구역은 오늘의 명천군 다호리에 있는 다곡동, 선암동의 명소들을 포괄하고 있는 명승지로서 이곳에는 삼형제폭포, 선암(선바위)을 비롯하여 우리나라의 온천 가운데서 물온도가 제일 높은 다호온천, 삼복더위에도 얼음이 맺혀 있는 얼음굴 등 특이한 명소들이 있는 곳이다. 이 구역에 대한 관광은 다호리 소재지로부터 다곡동, 선암동, 판령저수지 순서로 진행한다.

삼형제폭포와 원심담이 있는 다곡동은 골짜기가 많은 곳이라고 하여 다대골이라고 불러오다가 후에는 절골이라고 하였다. 다호리 소재지로부터 다호천이 흘러내리는 절골로 들어가면 두 개의 용출구가 있는 다호온천이 있고 이 온천을 지나 왼쪽을 바라보면 마치 범나비가 날개를 활짝 펴고 앞으로 날아오는 것 같은 점바위가 있다. 절골로 조금 더 오르면 왼쪽 산중턱의 소나무숲에 삐쭉삐쭉 솟아 있는 통바위들이 10m 간격으로 겹쌓여 서 있는 겹바위가 있고 그 옆에 또 하나의 대바위가 우뚝 솟아 있다.

대바위 밑에는 아가리 직경 4m 정도의 수직굴이 있는데 그 깊이는 알 수 없으나 이곳 사람들의 말에 의하면 굴속에 빨랫방망이를 던지면 그 이튿날에 다곡천으로 떠내려온다고 한다. 이 수직굴은 산비둘기들이 많이 산다고 하여 비둘기굴이라고도 한다.

여기서 800m쯤 절골로 올라가면 다곡동 골짜기에서 손꼽히는 명소인 삼형제폭포와 원심담이 있다. 개울 양쪽이 4~5m 높이의 바위벽으로 된 곳에 자리 잡고 있는 이 삼형제폭포의 주변과 그 위쪽에는 온통 너럭바위로 되어 있어 관광객들의 좋은 놀이터로 되고 있다.

삼형제폭포는 약 10m 간격으로 연결된 3단폭포로서 맨 위의 것은 4m 높이의 경사진 바위벽으로 폭포수가 떨어지는 누운폭포이고 그다음의 것도 역시 10m의 경사진 바위를 타고 미끄러져 내리는 누운폭포이다. 맨 아래의 폭포는 6m 높이의 벼랑턱에서 폭포수가 떨어지는 선폭포인데 그 밑에 있는 담소가 원심담이다. 그 언제인가 산사태로 말미암아 원심담은 지금 깊이 3m, 직경 16m쯤 되는 둥그스름한 담소로 되었지만 옛날에는 깊이가 수십 길이 되던 담소로서 항상 검푸른 물이 소용돌이쳤다고 한다.

삼형제폭포의 양쪽 바위벽에는 바위 짬에 뿌리박고 자라는 단풍나무, 여러 꽃나무들이 있어 사철 색다른 경관을 나타내고 있으며 원심담에는 산천어들이 살고 있어 명소의 운치를 더 한층 돋워 준다.

(4) 금강폭포와 구룡담

금강폭포는 금강골(자하동)에 있는 명소의 하나로서 그 밑에는 옛날 아홉 마리의 용이 살고 있었다는 구룡담이 있다. 천안문(예문암)에서 북쪽으로 뻗어 내린 산줄기를 타고 내려가노라면 조아봉, 사공바위, 배바위를 보게 된다.

승선대에서 볼 때에는 하나로 보이던 사공바위는 점차 가까이 가면서 두 개의 큰 바위로 제 모습을 나타내는데 마치 두 명의 사공이 서 있는 것처럼 되어 있다. 사공들이 그 앞에 있는 배에 올라 노를 잡기만 하면 배는 당장 만경창파를 가르며 달려갈 것만 같다.

배바위 뒤를 에돌아 소나무, 참나무 등이 우거진 능선을 따라 약 200m쯤 내려가면 사암 밑에 다다르게 된다. 사암 뒤로 빠져나가면 앞서 승선대에서 보이지 않던 성새암, 장수바위가 있다.

성새암과 장수바위를 보고 서북쪽으로 금강골로 빠져 내려가면 금강폭포와 구룡담이 있다. 5m 높이에서 떨어지는 금강폭포의 물의 양은 그리 많지 않지만 수정같이 맑은 물은 그 아래의 사방 나무들로 둘러싸인 구룡담에 떨어져 검푸르게 보인다.

5. 칠보산의 기타 명물

(1) 개심사

개심사로 가는 길, 99곡절의 산길 아래는 칠보요가 자리하고 개심사 길은 다시 급사면이 되어 올라가야 한다. 경내 초입부터 연륜이 오랜 비자나무가 군락을 이루고 있고 그 사이사이 잡목숲에는 머루, 다래가 무성하다.

칠보산에 하나밖에 없는 이 절간은 기묘한 봉우리들이 병풍처럼 둘러싼 풍치 아름다운 내칠보 보탁산 개심대에 자리 잡고 있다. 개심사를 처음 지은 것은 826년이고 그 후 1377년에 고쳐 세우고 여러 차례에 걸쳐 보수하였다. 현재의 대웅전은 1784년에 다시 짓고 1853년에 대 보수를 거친 것이다.

개심사는 중심건물인 대웅전과 심검당(동서승방), 음향각, 향로각(관음전), 산신각 등 다섯 채의 건물로 이루어졌다. 그 가운데서 대웅전과 관음전, 산신각은 서쪽을 향하였고 그 왼쪽의 심검당은 북쪽을, 오른쪽의 음향각은 남쪽을 향하였다. 그런데 중심건물인 대웅전이 서쪽을 향하고 있는 것이 특이하다

대웅전은 높은 밑단 위에 세운 앞면 3간(10.71m), 옆면 2간(6.6m)의 합각집인데 우리나라 옛 건물에서 흔히 볼 수 있는 것처럼 가운데 칸이 곁칸들보다 약 1m가량 넓다. 기둥은 배부른 기둥인데 네 모서리 기둥들은 다른 기둥들보다 조금 더 굵고 높게 하면서도 안쪽으로 좀 기울어지게 세웠

다. 이것은 건물의 억세기(변형력)를 보장해 주는 동시에 기둥들이 밖으로 버그러져 보이는 눈흘림을 바로잡아 주는 우리나라 옛 건축법의 하나이다.

대웅전의 두공은 바깥 5포 안 7포로 그 생김새가 정교하고 세련되었다. 이 두공에서는 일반적인 포식두공에서보다 제공提栱 한 단을 평판방 위에 더 놓았는데 이것은 이 건물에서만 볼 수 있는 것이다. 두공에서는 또한 한 건물에 세 가지 형식의 세공을 쓴 것이 이채를 띤다. 즉 앞면에서는 연꽃 봉오리가 달린 꽃가지형제공을, 옆면에는 활짝 핀 연꽃송이반을 가볍게 새긴 꽃가지형제공을 썼으며 뒷면에는 소혀형제공을 썼다. 그리고 모서리 두공 위에는 섬세한 용머리 조각을 올렸다. 이렇게 여러 가지 세공을 쓴 것은 단조로움을 피하면서도 화려한 느낌을 주기 위해서였다

대웅전에는 모루단청을 입혀 화려하게 꾸몄으며 그 내부에는 소란반자를 댔다. 대웅전 안에는 부처가 놓여 있다. 심검당은 앞면 6간(16.9m), 옆면 3간(8.88m)이 되는 규모가 큰 건물이다. 이 건물 앞면의 기둥은 배부른 기둥이고 뒷면은 네모기둥이다. 기둥 위에는 구조적으로 탐탁하고 부드러운 감을 주는 2익공두공을 올렸다. 지붕은 홑처마 합각지붕으로서 대웅전과 함께 주위의 자연환경과 잘 어울린다.

관음전과 산신각의 지붕은 네모지붕이고 음향에는 우진각지붕 씌웠다. 이렇게 절간 건축에 배집지붕은 쓰지 않고 네모지붕이나 우진각지붕을 쓴 것은 독특한 형식이다.

개심사는 다른 절간과 마찬가지로 당시 지배계급의 착취적 본성을 가

리고 근로자들의 투쟁의식을 마비시키는 수단으로 이용되었다. 그러나 개심사 건물에는 백성들의 뛰어난 재능과 지혜가 깃들어 있다.

개심사의 대웅전에는 불상과 태화, 300조(180㎏) 질량을 가진 청동 종, 놋시루, 사자절구(나무조각), 12개의 목판과 불경, 명경을 비롯하여 불기, 동자, 작은 종, 촛대 등이 보존되어 있다. 칠보산의 수많은 절간들 가운데서 지금까지 남아 있는 이 개심사에는 그 개축과 관련된 이야기가 전해 오고 있다. 1948년 절간을 보수할 때 대웅전의 용마루에서 나무함이 하나 발견되었는데 그 함 속에는 아래와 같은 글이 적혀 있었다.

발해 선왕9년 병오 3월 15일 용강성 석두현 해성사 금강곡 칠보산 개심사 창건주는 대원화상이다. 목수는 팽가와 석가이다.

이것은 개심사가 826년에 세워졌으며 그때 이 칠보산지구가 고구려를 계승한 영역이었다는 것을 말해 준다.

(2) 달문

해칠보 무수단구역에는 예로부터 이곳 명소의 하나로 널리 알려진 달문이 있다. 무수단구역은 목진의 촉석봉 돌출부로부터 무수단(무시단)까지의 9㎞의 구간에 이루어진 바닷가 경구로서 행정구역상으로는 화대군 무수단리에 속한다. 촉석봉에서 바다 쪽으로 뻗어 내린 돌출부의 개바위를 보고 활등처럼 휘어든 해안선을 따라 남쪽으로 가노라면 바닷가 절벽바위에 수많은 기묘한 바위들을 보게 되는데 그 대표적인 명소로서는 신선바위, 부부바위, 절승봉, 선남바위, 선녀바위, 관암봉, 기마바위,

▲달문암

달문, 석운암 등을 들 수 있다.

신선바위, 부부바위를 지나면 한 폭의 그림과 같이 아름다운 절승봉이 나타난다. 단애절벽에 쭈볏쭈볏한 기암들이 겹쌓여 있는 것으로 하여 장엄하고 기묘한 감을 주는 절승봉은 이름 그대로 또 하나의 해만물상으로 손꼽으리만큼 해안 경관의 극치를 이루고 있다. 절승봉의 경구를 지나면 해안선의 바위벼랑 중턱에 선남바위가 있고 그로부터 얼마쯤 떨어진 남쪽 바닷가에는 선녀바위가 있다.

선남바위, 선녀바위를 지난 다음의 해안선에는 관암봉이 있는데 그것은 관음보살이 가부좌를 틀고 앉아 동해를 바라보는 듯한 형국이라는 데서 생긴 이름이다. 관암봉으로부터 바다로 뻗은 줄기의 중턱에는 말탄 기사처럼 보이는 기마바위가 있고 그 밑의 바닷가에는 무수단구역에서 으뜸가는 명소의 하나인 달문이 있다. 달문은 그 생김새가 달처럼 생겼는데 한쪽 끝은 바닷물에 잠기고 다른 한쪽 끝은 바위벼랑에 뿌리박고 있는 자연돌문이다. 높이 10m, 길이 8m, 너비 5m쯤 되는 달문은 현무암벼랑이 해식작용에 의하여 생긴 굴문인데 부근에는 비교적 큰 돌이 널려 있다. 달문은 바다깎이굴(해식굴海蝕窟) 연구의 좋은 연구 대상이고 풍치 미관상 특별한 경관을 이루는 것으로 하여 우리나라 천연기념물의 하나로 되고 있다.

달문에는 동해에서 뜬 달이 밤새껏 떠 있다가도 낮이 되면 이곳에서 쉬면서 풍치 아름다운 해칠보를 구경했다는 그럴듯한 전설이 전해 오고 있다.

(3) 은선골과 십경전

은선골은 외칠보 만물상구역에서 보촌 방향으로 얼마쯤 내려가다가 길 오른쪽에 있는 깊은 골짜기이고 십경전(열흘갈이땅)은 그 입구의 넓은 공지를 말한다. 은선골은 칠보산구역을 내려왔던 선녀가 숨어 살던 골짜기이고 십경전은 옛날 칠보산 총각이 일군 밭이었다는 데서 유래된 것이다. 여기에는 칠보산 총각과 선녀가 서로 사랑을 맺었다는 재미있는 전설이 전해 오고 있다.

(4) 지방리산성

해칠보 무계호구역에는 오랜 역사를 가진 지방리산성이 있다. 무계호구역은 해칠보의 최북단에 위치한 자연호수인 무계호를 비롯하여 그 주변의 이름난 곳을 포괄하는 명승지로서 행정구역상으로는 어랑군 무계리와 지방리에 속한다. 지방리산성은 이 소재지에서 동쪽으로 약 2km 떨어진 성덕이란 곳에 있다.

이 산성은 지방리의 덕지대에 있는 성이라고 하여 지방덕성이라고도 불리어진다. 성의 서북쪽에는 어랑천이 흐르고 동남쪽에는 무계호가 있다. 지방리산성은 골짜기를 끼고 고로봉식으로 쌓은 토성으로서 발해 때 외적의 침입을 막기 위하여 쌓은 것으로 인정되고 있다. 이 산성에는 오누이장수가 대문짝 같은 큰 나무가래로 흙을 파서 쌓았다는 전설이 전해 오고 있다.

제11장

칠보산
식물 목록

석송과 Lycopodiaceae

산석송 Lycopodium alpinum L.

좀석송 Lycopodium annotium var angustatum

석송 Lycopodium claratum L.

비늘석송 Lycopodium complanatum var anceps

만년석송 Lycopodium obscurum L.

주먹풀과 Selaginellaceae

주먹풀 Selaginella temar iscina Spring

구실사리 Selaginella rossii Warbr

속새과 Eguisetaceae

쇠뜨기 Eguisetum arvense L.

속새 Eguisetum hiemale L.

늪쇠뜨기 Eguisetum palustre L.

고사리삼과 Botrychraceae

고사리삼 Botrychium ternatum SW

고비과 Osmundaceae

꿩고비 Osmunda cinnamemea L.

고비 Osmunda japonica Thunb.

고사리과 Pteridaceae

공작고사리 Adianthum. pedatum L.

잔고사리 Dennstaedtia hirsetu

고비고사리 Gymnogramma itermedia H.

고사리 Pteridium aguilinum Kuhn

회초고사리과 Aspidiaceae

회초고사리 Dryopteris crassirhizoma

토끼고사리 Gymnocarpium dryopteris N.

야산고사리 Onoclea sensibilis L.

십자고사리 Polystichum tnpteron Pres

면모고사리과 Woodsiaceae

두메면모고사리 Woodsia ilvensis R. Br

북면모고사리 Woodsia ilvensis R. Br

면모고사리 Woodsia polystchoides

꼬리고사리과 Aspleniaceae

꼬리고사리 Asplenium incisum Thunb

돌담고사리 Asplenium sarelii Hook

거미일렵초 Camptosorus sibiricus

나도파초일엽 Phyllitis japonica K.

고란초과 Polypodiaceae

둥근잎고란초 (새로 붙인 이름)

일엽초 Lepisorus thunbergianus

산일엽초 Lepisorus ussuriensis

애기석위 Pyrrhosia petiolosa

주목과 Taxaceae

주목 Taxus cuspidate

전나무과 Abiataceae

전나무 Abies holophylla

소나무과 Pinaceae

잎갈나무 Larix olgensis var. koreana

소나무 Pinus densiflora

잣나무 Pinus koraiensis

노가지나무과 Juniperaceae

노가지나무 Juniperus rigida Sieb et Z.

단천향나무 Sabina daburica

꽃대과 Cbloranthaceae

홀꽃대 Chloranthus japonicus

버들과 Salicaceae

사시나무 Populus davidiana Dode

물황철나무 Populus koreana

황철나무 Populus maximowiczii

좁은잎황철나무 Populus eimonii

냇버들 Salix giliang Seem

갯버들 Salix gracillistyla Mig

떡버들 Salix hallaisanensis Lev

호랑버들 Salix hulteni Flod

앉은잎커버들 Salix integra Thunb

버드나무 Salix koreensis Anderss

반짝버들 Salix pentandra L.

봄버들 Salix rorida Lacksch

큰산버들 Salix sericea-cinerea

가래나무과 Juglandaceae

가래나무 Juglans mandshurica

참나무과 Fagaceae

평양약밤나무 Castanea bungeana

밤나무 Castanea crenaba Sieb et Zucc

갈참나무 Quercus aliena

떡갈나무 Quercus dentate Thunb

신갈나무 Quercus mongolica

갈졸참나무 Quercus urticaetolia

자작나무과 Betulaceae

떡오리나무 Alnus borealis

덤불오리나무 Alnus fruticosa

오리나무 Alnus japonica

산오리나무 Alnus tinctoria

물박달나무 Betula davurica

사스레나무 Betula ermanii

좀박달나무 Betula chinensis

▲사스레나무

지작나무 Betula platyphylla

박달나무 Betula schmidtii Regel

까치박달 Carpinus cordatu Bl

난리잎개암나무 Corylus heterophylla

개암나무 Corylus heterophylla var. thunbergii

물개암나무 Corylus mandshurica

느릅나무과 Ulmaceae

노랑팽나무 Celtis edulis Nak.

왕팽나무 Celtis koraiensis Nak

난리느릅나무 Ulmus laciniata Muyr

느릅나무 Ulmus macrocarpu Hance

떡느릅나무 Ulmus propingua Kcidz

비슬나무 Ulmus pumila L.

뽕나무과 Moraceae

뽕나무 Morus aiba L

산뽕나무 Morus bombycis Koidz

삼과 Cannabiaceae

한삼덩굴 humulus japonica Sieb et Z.

쐐기풀과 Urticaceae

좀거북꼬리풀 Boehmeria spicata T.

거북꼬리풀 Boehmeria tricuspis M.

좀물퉁이과 Parietaceae

덩굴좀물퉁이 Parietaris coreana M.

큰물퉁이 Pilea bamaoi Mak

물퉁이 Pilea peploides et Ain

가는잎 쐐기풀 Urtica ungustifolia

쐐기풀 Urtica laeteviens Maxim

여뀌과 Polygonaceae

덩굴메밀 Fallapia convolvulus

참(메밀)덩굴메밀 Fallapia pauciflora

범꼬리풀 Bietorta vulgaric Hill

참가시덩굴 여뀌 Chylocalyx pertoliatus

긴화살미꾸라지 낚시 Truellum brevio -chreatum

벌여뀌 Truellum dissitiflora (Hemsl)

나도고마리 Truellum maackiana (Rgl.)

화살미꾸라지 낚시 Truellum nippomens

미꾸라지 낚시 Truellum sieboldii

고마리 Trmellum thunbergii

가시덩굴 여뀌 Trmellum japonicum .

두메메밀 Fagopyrum tataricum L.

물여뀌 Persicaria amphibian(L.)

바늘여뀌 Persicaria bungcana

털여뀌 Persicaria cochinehipensis

버들여뀌 Persicaria hydropiper

여뀌 Persicaria longiseta Kitag

들여뀌 Persicaria mitis Gillib

마디여뀌 Persicaria nodosa

장대여뀌 Persicaria posumbu

가는잎여뀌 Persicaria trigonocarpa

애기싱아 Aconogonon ajanense

싱아 Aconogonon platyphyllum

나도하수오 Pleuopterus cilinervis

마디풀 Polygonum avicularea L.

난쟁이마디풀 Polygonum humitusum.

누운마디풀 Polygonum neglectum.

괴싱아 Rumex acetosa L.

애기괴싱아 Rumex acetosella L.

송구지 Rumex crispus L.

참송구지 Rumex japonicus Houtt

금송구지 Rumex maritimus L.

세포송구지 Rumex abtusifolius L.

이삭여뀌 Tovara filiformis (Thunb)

능쟁이과 Chenopodiaceae

갯능쟁이 Atriplex subcordata

버들능쟁이 Chenopodium acuminatum

능쟁이 C. album L.

푸른능쟁이 C. bryoniaefolium

얇은잎능쟁이 C. hybridum L.

가능능쟁이 C. stenophyllum

모새대싸리 Corispermum puberulum

푸른대싸리 Corispermum stauntonii

수송나물 Salsola komarovii

나문재 Suaeda glauca Bge

해홍나물 Suaeda heteroptera

비름과 Amaranthaceae

쇠무릎풀 Achyranthes japonica Nak.

비름 Amaranthus lividus L.

참비름 Amaranthus mangostanus

푸른비름 Amaranthus viridis

돼지풀과 Portulacaceae

돼지풀 Portulaca oleracea L.

▲큰꽃점나도나물

패랭이꽃과 Caryophyllaceae

모래별꽃 Arenaria serpyllifolia L.

큰꽃점나도나물 Cerastium fischerianum

덩굴별꽃 Cucubalus baccifer L. var. japonicus

패랭이꽃 Dianthus amurensis Jacg

마디나물 Gypsophila oldhamiana

동자꽃 Lychnis cognate Maxim

털동자꽃 Lychnis fulgens Fisch

애기장구채 Melandrium apricum

분홍장구채 Melandrium capitatum

장구채 Melandrium firmum

분홍꽃장구채 M. umbellatum

홍별꽃 Moehringia laterifolia

▲동자꽃

덩굴들별꽃 Pseudostellana davidii

들별꽃 Pseudostellana heterophylla

가는잎들별꽃 P. sylvatica Pax

개미나물 Sagina japonica (SW.) Ohwi

끈끈이대나물 Silene coreana Komar

바늘별꽃 Spergulana salina

애기별꽃 Stellaria alsine Grimm

큰별꽃 Stellaria bungeana Fenzl.

실별꽃 Stellaria filicaulis Mak.

별꽃 Stellaria media (L) Cyr.

오미자과 Schizandraceae

오미자 Schizandra chinensis Ball

새모래덩굴과 Menispermaceae

새모래덩굴 Menispermum dahuricum

매자나무과 Berberidaceae

세잎풀 Achlys japonica Maxim

매발톱나무 Berberis amurensis

매자나무 Berberis koreana Palib

가락풀나무 Caulophyllum robustum

삼지구엽초 Epimedium koreanum

산련풀 Hagiorhegma dubium

▲매자나무

바구지과 Ranunculaceae

선덩굴바꽃 Aconitum ciliare DC

키바꽃 Aconitum arcuatum

투구꽃 Aconitum jaluense

노랑돌쩌귀풀 Aconitum coreanum

이삭바꽃 Aconitum kusnezovii

가는돌쩌귀풀 Aconitum villesum

줄바꽃 Aconitum alboviolaceum Nak

흰진교 Aconitum longicassidotum

진교 Aconitum Pseudolaeve Nak

노루삼 Actaea asiatica Hara

얼음새기풀 Adonis amurensis

들바람꽃 Anemone amurensis

꿩의바람꽃 Anemone raddeana

회리바람꽃 Anemone raflexa

바람꽃 Anenone marcissiflora L.

그늘바람꽃 Anenene umbrosa

매발톱꽃 Aquilegia oxysepala

동의나물 Caltha gracilis Nak

눈빛승마 Cimicifuga davurica

황새승마 Cimicifuga foetida L.

승마 Cimicifuga heracleifolia

초대승마 Cimicifuga simplex

모란풀 Clematis appifolia DC

좀모란풀 Clematis brevicaudata

노란종덩굴 Clematis chiisanensis

선종덩굴 Clematis flabellate Nak

가는잎모란풀 Clematis hexapetala P.

종덩굴 Clematis koreana Komar

으아리 Clematis mandshurica

꽃버무리 Clematis serratifolia

고려종덩풀 Clematis subtriternata N.

콘모란풀 Clematis trichotoma N.

선모란풀 Clematis tubulosa

노루귀풀 Hepatica asiatica

분홍할미꽃 Pulsatilla davurica

할미꽃 Pulsatilla koreana Nak

애기바구지 Ranunculus acris L.

좀젓가락풀 Ranunculus chinensis

참바구지 Ranunculus japonicus Th.

늪바구지 Ranunculus sceleratus L.

가락풀 Thalictrum contortum L.

큰산가락풀 Thalictrum filamentosum

긴잎가락풀 Thalictrum simplex L.

좀가락풀 Thalictrum minus L.

모란과 Paeoniaceae

산함박꽃 Paeonia obovata

민산함박꽃 Paeonia obovata var glabra

아편꽃과 Papaveraceae

젓풀 Chelidonium majus L.

현호색 Corydalis turtschaninowii

뿔꽃 Corydalis pallida (Thunb)

비살현호색 Corydalis turtschaninowii var pectihta

배추과 Brassieaceae

털장대 Arabis hirsute (L.) Scop

느려진장대 Arabis pendula L.

나도냉이 Barbarea orthoceras

냉이 Capsella bursa-pastoris Medic

꽃황새냉이 Cardamine amaraeformis

좁쌀황새냉이 Cardamine brachycarpa

황새냉이 Cardamine flexuosa With.

미나리황새냉이 Cardamine leucantha

갓황새냉이 Cardamine yedoensis

산황새냉이 Cardamine prorepens

꽃다지 Draba nemorosa L.

대청 Isatis japonica Mig.

다닥냉이 Lepidium apetalum Willd.

노란장대 Sisymbrim luteum

말냉이 Thlaspi arvense L.

깃대나물 Turritis glabra L.

▲다닥냉이

까치밥나무과 Grossulariaceae

까치밥여름나무 Ribes fasciculatum

산까치밥나무 Ribes mandshuricum var subglabrum

댕강말발도리 Deutzia glabrata Komar.

당고광나무 Philadelphus pekinensis

고광나무 philadelphus schrenckii

돌나무과 Crassulaceae

바위솔 Orostachys erubescens

둥근바위솔 Orostachys malacophylla

각기바위돌꽃 Rhodiola angusta Nak

돌꽃 Rhodiola elongate (Ldb.)

가는돌꽃 Rhodiola ramose Nak

가는기린초 Sedum aizoon L.

꿩의비름 Sedum alboroseum

기린초 Sedum kamstchaticum

각시기린초 Sedum middendorffianum

돌나물 Sedum sarmentosum Bge

큰꿩의비름 Sedum spectabile Bor

자주꿩의비름 Sedum telephium var purpureum L.

세잎꿩의비름 Sedum verticullatum

낙지다리풀과 Penthoraceae

낙지다리풀 Penthorum chinensis

범의귀풀과 Saxifrageceae

노루풀 Astilbe chinenis (Maxim) Fr.

좀노루풀 Astilbe microphylla

애기괭이눈풀 Chrysosplenium flagelliferum

바위괭이눈풀 C. macrostemon

황금빛괭이눈풀 C. sphaerospermum

선괭이눈풀 C. trachyspermum

돌단풍 Mukdenia rossii Koidz

바위떡풀 Saxifraga fortunsi var koraiensis

톱바위취 Saxifraga punctata L.

바위취 Saxifraga stolonifera

▲돌단풍

물매화과 Parnassiaceae

물매화 Parnassia palustris var mulfiseta

조팝나무과 Spiraeaceae

눈산승마 Aruncus americanus

가침박달 Exochorda serratifolia

쉬땅나무 Sorbaria sorhifolia var. stellipila

산조팝나무 Spiraea blumei

긴잎조팝나무 Spiraea media

갈래잎산조팝나무 Spraea trilobata

국수나무 Stephanandra incica

장미과 Rosaceae (B, Juss)

산짚신나물 Agrimonia coreana

짚신나물 Agrimonia pilosa Ldb.

뱀딸기 Duchesnea indica (Andr) F.

터리풀 Filipendula glaberrima

붉은터리풀 Filipendula koreana

단풍터리풀 Filipendula palmate

▲국수나무

큰뱀무 Geum aleppicum Jacg

딱지꽃 Potentilla chinensis Ser

돌양지꽃 Potentilla dickinsii.

솜양지꽃 Potentilla discolor

누운딱지꽃 Potentilla pacifica

바위양지꽃 Potentilla rugulosa

양지꽃 Potentilla sprengeliana

깃쇠스랑개비 Potentilla supina L.

생열귀나무 Rosa davurica Pall

좀해당화 Rosa kamtschatica

용가시나무 Rosa maximowicziana

찔레나무 Rosa multiflora

해당화 Rosa rugosa Thunb

▲멍석딸기

산딸기나무 Rubus crataegitolius

덩굴딸기 Rubus oldhami Mig

멍석딸기 Rubus parvifolius L.

붉은가시딸기 Rubus phoenicolzsius

멍덕딸기 Rubus sachalinensis

산오이풀 Sanquisorba hakusanensis

긴잎오이풀 Sanquisorba longiforia

오이풀 Sanquisorba officinalis L.

금강금매화 Waldsteinia ternate

▲산오이풀

사과나무과 Malaceae

뫼찔광이나무 Crataegus maximowiczii

찔광나무 Crataegus pinnatifida

야광나무 Malus baccata (L.)

팔매나무 Micromeles alnifolia

차빛털눈마가목 Sorbus amurensis var rufa Nak

산마가목 Sorbus sambucifolia

벗나무과 Amygdalaceae

벗나무 Prunus leveilleona

별벗나무 Prunus maackii Rupr.

산살구나무 Prunus mandshurica

산앵두나무 Prunus nakaii Lev.

산이스라치나무 Prunus nakaii var. ishidoyana

구름나무 Prunus padus L.

차풀과 Caesalpiniaceae

차풀 Cassia nomame

콩과 Fabaceae

새콩 Amphicarpaea trisperma

자주단너삼 Astragalus davuricus

단너삼 Astragalus membranaceus

좀골담초 Caragana microphylla L

갈구리풀 Desmodium racemosum

돌콩 Glycine soja et Zucc

둥근잎 매듭풀 Kummerowia stipulacea

매듭풀 Kummerowia striata

활량나물 Lathyrus davidii Hance

연리초 Lathyrus quinquenvie

좀풀사리 Lespedeza bicolor

싸리나무 Lespedeza bicolor var japonica

비수리 Lespedeza cuneata

참싸리 Lespedeza cyrtobotrya

참비수리 Lespedeza juncea

초록싸리 Lespedeza maximowiczii

들싸리 Lespedeza tonentoga

나비나물 Lespedeza unijuga

꽃나비나물 Lespedeza unijuga var. apoda

좀싸리 Lespedeza virgata

다릅나무 Maackia amurensis

잔꽃자리풀 Medicago lupulina L.

자주꽃자리풀 Medicago sativa L.

전동싸리 Melilotus suaveloens

칡 Pueraria lobata Ohwi

아카시아나무 Robinia pseudo-acacia

잠두싸리 Thermopsis lupinoides

달구지풀 Trifolium lupinaster L.

붉은토끼풀 Trifolium pretense L.

토끼풀 Tritolium repens L.

말굴레풀 Vicia amoeno Fisch

들완두 Vicia bungei Ohwi

등말굴레풀 Vicia cracca L.

넓은잎말굴레풀 Vicia japonica A.

대잎말굴레풀 Vicia niponica

살말굴레풀 Vicia sativa L.

나비나물 Vicia unijuga A, Br

함경나비나물 Vicia unijuga var ohwiana

노랑말굴레풀 Vicia venosissima Nak

손잎풀과 Geraniaceae

꽃털손잎풀 Geranium enostemon var megalantum

둥근손잎풀 Geranium koreanum

선손잎풀 Geranium sieboldii Maxim

손잎풀 Geranium sibiricum L

세잎손잎풀 Geranium wilfordii

괭이밥풀과 Oxalidaceae

애기괭이밥풀 Oxalis acetosella L.

괭이밥풀 Oxalis corniculata L

큰괭이밥풀 Oxalis obtriangulata

아마과 Linaceae

들아마 Linum stelleroides

봉숭아과 Balsaminaceas

노랑물봉아 Impatient nolitangere

물봉숭아 Impatient textori

초피나무과 Rutaceae

검화 Dictammus dasycarpus

분지나무 Fagara schinifolia

황경피나무 Phellodendron amurense

옻나무과 Anacarodiaceae

붉나무 Rhus chinensie Mill

털옻나무 Rhus trichocarpa Mig

버들옻과 Euphorbiaceae

점박이풀 Euphorbia humifuga

버들옻 Euphorbia pekinensis

두메감수 Euphorbia savaryi

감수 Euphorbia sieboldiana

싸리버들옻 Seeurinega suffurticosa.

단풍나무과 Aceraceae

신나무 Acer ginnale Maxim

고로쇠나무 A. mono Maxim

넓은잎단풍나무 A. pseudo-sieboldianum

산넓은잎단풍나무 A pseudo-sieboldianum var. Ishicloyanum

산겨릅나무 A. tegmentosum

단풍자래 A. tschonaskii

부게꽃나무 A. ukurunduense

화살나무과 Celastraceae

노박덩굴 Celastrus orbiculatus

화살나무 Euonymus alatus

좀회나무 Euonymus alatus form.

나래회나무 Euonymus macropterus

참회나무 Euonymus oxyphyllus Mig

메역순나무 Tripterygium vegelii

갈매나무과 Rhamnaceae

갈매나무 Rhamnus davurica Pall

짝자래나무 Rhamnus schneideri

포도과 Vitaceae

담장이덩굴 Parchenocissus tricuspidata

머루 Vitis amurensis Rupr

무궁화과 Malvaceae

수박풀 Hibiscus trionum L.

피나무과 Tiliaceae

피나무 Tilia amurensis

면밥피나무 Tilia koreana

찰피나무 Tilia mandshurica

선봉피나무 Tilia ovalis

뽕피나무 Tilia taguentii

물레나물과 Hypericaceae

물레나물 Hypericum ascyron

애기물레나물 Hypericum ascyron var brevistylum

고추나물 Hypericum erectum

잔잎고추나물 Hypericum erectum var caespitosum

다래나무과 Actindiaceae

다래나무 Actindia arguta

녹다래나무 Actindia arguta var rufinervie

쥐다래나무 Actindia kolomikta

말다래나무 Actindia polygama

제비꽃과 Viloaceae

졸방제비꽃 Viola acuminate L

둥근털제비꽃 Viola collina Bess

제비꽃 Viola mandshurica W. Bckr.

노랑제비꽃 Viola orientalis

고깔제비꽃 Viola rossi Hemsl

참졸방제비꽃 Viola sachalinensis

알룩제비꽃 Viola variegate

콩제비꽃 Viola verecunda

족두리풀과 Asaraceae

족두리풀 Asarum hetoropoides

두령꽃과 Lythraceae

털두령꽃 Lythrum salicaria

마디꽃 Rotala indica

바늘꽃과 Onagraceae

분홍바늘꽃 Chamaenerion angustifol

투메털이슬 Circaea alpine L

쇠털이슬 Circaea cordata

말털이슬 Circaea mollis

털이슬 Circaea quadrisulcata

명천바늘꽃 Epilobicum cylindrostigma

큰바늘꽃 Epilobicum hirsutum L.

넓은잎바늘꽃 Epilobicum undicarpum

버들바늘꽃 Epilobicum palustre L.

바늘꽃 Epilobicum pyrricholophum

달맞이꽃 Oenothera lamarckiana

층층나무과 Cornaceae

흰달채나무 Cornus alba L.

층층나무 Cornus controversa

박쥐나무과 Alangiaceae

박쥐나무 Marlea macrophylla

오갈피나무과 Araliaceae

차빛오갈피나무 Acanthopanax rufinerve

오갈피나무 Acanthopanax sessiliflorum

뫼두릅 Aralia continentalis Kitag

두릅나무 Aralia elata (Mig) Seem

가시오갈피 Eleutherococcus senticosus

엄나무 Palopanax pictum (Thunb)

미나리과 Apiaceae

산미나리 Aeqopodium henryi Diels

구릿대 Anqelica dahurica (Fisch)

참당귀 Anqelica qigas Nak.

백봉천궁 Anqelica polymorpha

생치나물 Anthriscus aemula (Woron)

시호 Bupleurum komarovianum

큰시호 Bupleurum longeradiatum

독미나리 Cicuta virosa L.

별사상자 Cnidum monnieri

갯방풍 Glehnia littoralia Fr

털기름나물 Libanotis seseloides

산갯당귀 Liqusticum purpureopetalum

미나리 Oenanthe decumbeus

긴사상자 Osmorrhiza aristata

신감채 Ostericum grosseserratum

강활 Osterricum praeteritum

뫼미나리 Osterricum sieboldii Mig

기름나물 Peucedanum terebinthaceum

산기름나물 Peucedanum terebinthaceum var. deltoideum

왜우산풀 Pleurospermum camtschaticum

참반디 Sanicula chinensis Bge.

붉은참반디 Sanioula rubriflora

참나물 Spuriopimpinella calycinz

노루참나물 Spuriopimpinella komarovii

그늘참나물 Spuriopimpinella koreana

뱀도랏 Torillis japonica DC

북노루발풀 Pyrola dahurica

분홍노루발풀 Pyrola incarnate

홀잎노루발풀 Pyrola japonica var. subaphylla

주걱노루발풀 Pyrola minor L.

콩팥노루발풀 Pyrola renifolia

▲노루발

진달래과 Ericaceae

백산차 Ledum hypoleucum

산진달래나무 Rhododendron dahuricum

만병초 R.chrysanthum

진달래나무 R.mucronulatum

흰진달래나무 R.mucronulatum var. albiflorum

철쭉나무 R.schlipenbachii

들쭉나무과 Vacciniaceae

물앵두나무 Vaccinicum koreanum Nak

들쭉나무 Vaccinicum wliginosum L.

월귤나무 Vaccinicum vitis – idea L.

봄맞이과 Primulaceae

애기봄맞이 Androsace filiformis Retz

봄맞이 Androsace umbellate (Lour)

꽃꼬리풀 Lysimachia barystachys Bge

큰꽃꼬리풀 Lysimachia clethroides

노란꽃꼬리풀 Lysimachia davurica

올푸레나무과 Oleaceae

개나리꽃나무 Forsythia koreana Nak

들메나무 Raxinus mandshurica Rupr

물푸레나무 Fraxinus rhynchophylla

개회나무 Ligustrina amurensis

넓은잎정향나무 Syringa dilatata

정향나무 Syringa palibiniana Nak

꽃정향나무 Syringa wolfi Schneid

용담과 Gentianaceae

구슬봉이 Gentiana sguarasa

큰구슬봉이 Gentiana zolingexi

초룡담 Gentiana sabra var. buergerii

닻꽃풀 Halenia corniculata

박주가리과 Asclepiaclaceae

흰백미 Cynachum asoyrifolium

선백미 Cynachum inamoenum

은조롱 Cynachum wilfordii

박주가리 Metaplexis japonica

메꽃과 Convolvulaceae

애기메꽃 Calystegia hederacea

메꽃 Calystegia japonica Chois

갯메꽃 Calystegia soldanella R.

둥근잎유흥초 Quamodit angulata

유흥초 Quamodit pennata Bojer

새삼과 Cuscutaceae

실새삼 Cuscuta australis R. Br

새삼 Cuscuta japonica Choisy.

지치과 Boraginaceae

참꽃받이 Bothriospermum secundum

꽃받이 Bothriospermum tenellum

꽃지치 Brachybotrys paridiformis

들지치 Lithospermum arvense L.

지치 Lithospermum erythrorhizon

모래지치 Messerschmidia sibirica

갯꽃마리 Myosotis laxa Lehm

숲꽃마리 Myosotis sylvatica

좀꽃마리 Trigonotis coreana Nak

꽃마리 Trigonotis pendunculoris

파리풀과 Phrymaceae

파리풀 Phryma leptostachyo L

꿀풀과 Labiaceae

배초향 Agastache rugosa

보라빛차조기 Amethystea coerulea

층층이꽃 Clinopodium chinense var parviflnrum

산층층이꽃 Clinopodium chinense var shibetchense

두메층층이꽃 Clinopodium micranthum

탑꽃 Clinepodium confine (Hance)

용머리 Dracocephalum argunense

향유 Elscholtzia patrinii

오리방풀 Isodon exciscus

방아오리방풀 Isodon japonicus

긴잎꽃수염풀 Lamium album L.

꽃수염풀 Lamium barbatum

산익모초 Leonurus macranthus

익모초 Leonurus sihiricus L.

산들깨 Orthodon japonicum

들깨풀 Orthodon punctalatum

산속단 Phlomis koraiensis

속단 Phlomis maximowiczii L.

쉽싸리 Lycopus lucidus Turcz

털쉽싸리 Lycopus uniflorus

벌개덩굴 Meehania urticifolia

돌박하 Nepota cataria L.

꿀풀 Prunella aeiatica Nak

두메꿀풀 Prunella vulgaris L.

애기골무꽃 Scutellaria dependens

속썩은풀 Scutellaria baicalensis

골무꽃 Scutellaria indica L.

구술골무꽃 Scutellaria moniliorrhiza

산골무꽃 Scutellaria pekinensis var. transitra

참골무꽃 Scutellaria strigigillosa

백리향 Thymus guinguecoctatus

가지과 Solanaceae

독뿌리풀 Scopolia parviflara

현삼과 Scrophulariaceas

선좁쌀풀 Euphrasia maximowizii

좁쌀풀 Euphrasia tatarica

운란초 Linaria japonica Mig

주름잎 Mazus japonisus

둥근밥알풀 Melampyrum ovalifolium

꽃밥알풀 Melampyrum roseum

물꽈리아재비 Mimulus terellus

칼송이풀 Pedicularis lunaris

산송이풀 Pedicularis mandshurica

바위송이풀 Pedicularis migrescens

송이풀 Pedicularis resupinata L.

돌현삼 Scrophularia grayana

절국대 Siphonostogia chinensis

물칭개꼬리풀 Veronica anagalis

투구꼬리풀 Veronica humifuso

선꼬리풀 Veronica krusiana

꼬리풀 Veronica komarovii

긴산꼬리풀 Veronica longifolia

둥근잎꼬리풀 Veronica rotunda

냉초 Verenica sibirica L.

질경이 Plantago asiatica L.

산갈퀴아재비 Asperula platygalium

갈퀴덩굴 Galium aparine L.

네잎갈퀴 Galium trachysparmum

조선수레갈퀴 Galium trifioriforme

흰솔나물 Calium verum var. album

솔나물 Calium verum var asiaticum

꼭두선이 Rubia akame Nak

갈퀴꼭두선이 Rubia cordifolia var pratensis

털댕강나무 Abelia coreana Nak

아귀꽃나무 Lonicera maackii

올아귀꽃나무 Lonicera praeflorens

물아귀꽃나무 Lonicera ruprechtiana

구슬댕댕이나무 Lonicera vesicaria

딱총나무 Sambucus coreana (Nak)

지렁주나무 Sambucus siebodiana

산가막살나무 Viburnum wrightii

붉은병꽃나무 Weigeia florida (Bge)

흰병꽃나무 W. florida form leucantha

병꽃나무 Weigeia subsessilis

마타리과 Valerianceae

돌마타리 Patrinia rupestris

마타리 Patrinia scabiosaefolia

체꽃과 Dipsacaceae

체꽃 Scabicsa japonica

도라지과 Campanulaceae

버들잎잔대 Adenophora coronopifolia

큰잔대 Adenophora grandiflora

넓은잎잔대 Adenophora mandshurica

모시잔대 Adenophora remotiflora

잔대 Adenophora verticillata

염아자 Aeyneuma japonica (Mig)

자주꽃방망이 Campanula glomerata

초롱꽃 Campanula punctata Lam

더덕 Codonopsis lanceolata Benth

도라지 Platycodon grandifforum

국화과 Asteraceae

톱풀 Achillea mongolica Fisch

보라꽃톱풀 Achillea rhodoptarmica

멸가치 Adenocaulon himalaicum

산괴쑥 Anaphalis margaritacea

다북산괴쑥 Anaphalis sinica

들괴쑥 Antennaria leontopodiodes

우엉 Arctium lappa L.

쑥 Artemisia asia Nak ex

사철쑥 Artemisia capillaries

뺑쑥 Artemisia feddei

털산쑥 Artemisia gmelinii

맑은대쑥 Artemisia keiskeana

명천쑥 Artemisia leucophylla

생당쑥 Artemisia messerschidtiana

산쑥 Artemisia gigantean

비쑥 Artemisia scoparia

물쑥 Artemisia selengensis

산흰쑥 Artemisia stelleriana

넓은잎외대쑥 Artemisia stolonifera

그늘쑥 Artemisia sylvatica

까실푸른산국 Aster ageratoides

옹굿나물 Aster fastigiatus Fisch

참취 Aster scaber Thunb

개미취 Aster tataricus L.

푸른산국 Aster indicus L.

삽주 Atractylodes ovata

연잎삽주 Atractylodes ovata form guinguefolita

둥근잎삽주 Atractylodes amurensis

잔잎털가막사리 Bidens parviflora

국화잎가막사리 B. maximowizziana

가막사리 Bidens tripartite L.

계박쥐나물 Cacalia adenostylordes

귀박쥐나물 Cacalia auriculata DC

박쥐나물 Cacalia hastate L.

지느러미엉겅퀴 Carduus crispus L.

담배풀 Carpesium abrotanoides L.

좀담배풀 Carpesium cernuum L.

긴담배풀 Carpesium divaracatum

두메담배풀 Carpesium triste

조뱅이 Cephalonoplos segetus

구절초 Chrysanthemum zawadskii

락동구절초 Chrysanthemum zawadskii var latilobom

엉겅퀴 Cirsium maackii Maxim

흰잎엉겅퀴 Cirsium vlassovianum

청취 Cyathocephalum schmidtii

가시절구대 Schmops setifer Iljin

민잔꽃풀 Erigeron elongates

실잔꽃풀 Erigeron bonasensis L.

잔꽃풀 Erigeron canadensis L.

해국 Erigeron spathulifolius

향등골나물 Eupatorium fortunei

등골나물 Eupatorium japonicum

벌등골나물 Eupatoriun lindleycnum var. trifoliatunn

떡쑥 Gnaphalium affine D. Don

흰떡쑥 Gnaphalium luteo-album

지칭개 Hemistepta lyrata Bge

조밥나물 Hieracium umbelatum

금불초 Inula japonica Thunb

버들금불초 Inula salicina L.

선씀바귀 Paraixeris chinensis

씀바귀 Paraixeris dentate

갯씀바귀 Ixeris repens (Li)

왕고들빼기 Pterocypsela indica

산왕고들빼기 Pterocypsela raddeana

두메왕고들빼기 Pterocypsela triongalata

솜나물 Leibnitzia anandria

곰취 Liqularia fischerii Turcz

병풍 Miricacalia firma Nak

모련채 Picris japonica Thunb

산씀바귀 Prenanthes tatarinowii

솔인진 Ajania pallasiana

큰서덜취 Saussurea grandifolid

나래취 Saussurea meophulchella

민깃분취 Saussurea pulchella var subintegla

솜방망이 Senecio integrifolius

선봉솜나물 Senecio pseudo -

들쑥갓 Senecio vulgaris L.

진득찰 Siegesheckia glabrescens

털진득찰 Siegesbeckia pubescens

미역취 Solidago coreana

사데풀 Sonchus brachyotus

애기우산나물 Syneilesis aconitifolia

우산나물 Syneilesis palmate

수리취 Synurus deltoids

흰민들레 Taraxacum coreanum

민들레 Taraxacum platycarpum

도꼬마리 Xanthium sibiricum

뽀리뱅이 Youngia japonica

부들과 Typhaceae

큰부들 Typha latifolia L

부들 Typha orientalis

가래과 Potamogetonaceae

말즙 Potamogeton crispus L.

가래 Potamogeton bistinctus A.

대잎가래 Potamogeton malainus

택사과 Alismaceae

택사 Alisma canaliculatum

질경이택사 Alisma orientalis

보풀 Sagittaria aginashi Mak

벼과 Poaceae

신의대 Sasa coreana Nak

나래새 Achatherum extremiorientale

선들밀 Agropyron amurense

큰선들밀 Agropyron mayebarancum

들밀 Agropyron tsukushiense

거이산 Agrostis clavata Trin

잔거이산 Agrostis palustris

둑새풀 Alopecurus amurensis

쇠풀 Schizachyrium brevifolium

조개풀 Arthraxon hispidus

털새 Arundinella hirta Tanaka

늪피 Beckmannia syzigachne

수염새 Capillipedium parviflorum

참새귀리 Bromus japonicus

산조풀 Calamagrostis epigejos

북새풀 Calamagrostis monticola

야지산새풀 Calamagrostis neglecta

들새풀 Calamagrostis turczaninowii

대새풀 Cleistogenes hakelii

애기갯보리 Clinelymus clindricus

향솔새 Cymbopogeon goeringii

참바랭이 Digitaria adscendens

바랭이 Digitaria sanguinalis Seop

민바랭이 Digitaria violascens Link

돌피 Echinochloa crusgalli var submutica

들피 Echinochloa crusgalli

갯크령 Elymus mollis Trin

암크령 Eragrostis ferruginca

각시크령 Eragrostis japonica Trin

비노리 Eragrostis multicaulis Steud

나도늪피 Eriochloa villosa Kth

김의털 Festuca ovina L.

두메김의털 Festuca ovina var alpine

김의털아재비 Festuca parvigluma

산수진들피 Glycena effuse Kitag

진들피 Glycena ischyroneura

북진들피 Glycena lithuranica

쇠치기풀 Hemarthria sibirica

산향모 Hierochloe alpine

향모 Hierochloe odorata

띠풀 Imperata cylindrical var koenigii

겨풀 Leersia japonica

왕쌀새 Melica nutans L.

참쌀새 Melica scabrosa

조풀 Milium effusum L.

물억새 Miscanthus sacchariflorus

억새 Miscanthus sinensis

자주억새 Miscanthus sinensis var purpurascens

진퍼리새 Moliniopisis japonica

쥐꼬리새 Muehlebergia japonica

들기장 Panicum bisulcatum Thunb

수크령 Pennisetum alopecuroides

갈풀 Phalaris arundinacea L.

갈 Phragmites communis Trin

달뿌리갈 Phragmites japonica

도랑궤미풀 Poa hisaushii Honda

클궤미풀 Poa nipponica Koidz

궤미풀 Poa sphoudyloides Trin.

갈가락지풀 Setaria autumnalis

금강가락지풀 Setaria lutescons

발가락지풀 Setaria viridis Beauv

아들메기 Spodiopogon sibiricus

솔새 Themeda japonica Tanaka

잠자리피 Trisetum biffidum

잔디 Zoysia japonica Steud

모새달 Phacelurus latifolius

사초과 Cyperaceae

솔잎사초 Carex biwensis

길뚝사초 Carex bostrychostigma

좁쌀사초 Carex cimerascens

뿔사초 Carex dickinsii Fr et

이삭사초 Carex dimorpholepsis

그늘사초 Carex lanceolata

보리사초 Carex kobomugi Ohwi

괭이사초 Carex neurocarpa

애기이삭사초 Carex ochrochlamis

넓은잎그늘사초 Carex pediformis

함경샷갓사초 Carex rostrata var borealis

참뚝사초 Carex schmidtii Meinsh

대사초 Carex siderosticta Hance

나도그늘사초 Carex tenuitormis

방동사니 Cyperus amurensis

알방동사니 Cyperus difformis L.

참방동사니 Cyperus iria L.

소털골 Eleocharis pellucida

네모골 Eleocharis wichurai

황새풀 Eriophorum vaginatum

큰하늘지기 Fimbristylis longispica

골하늘지기 Fimbristylis subbspicata

파송이골 Kyllinga brevifolia

방울골 Scipus aciatica Beetl

천남성과 Araceae Juss

창포 Acorus calamus L.

아물천남성 Ariscaema amurense

자주아물천남성 Ariscaema amurense var violaceum Engl

천남성 Ariscaema japonicum

넓은잎천남성 Ariscaema robustum

끼무릇 Pinellia ternate

삿부채 Symplocarpus nipponica

닭개비과 Commelinaceae

닭개비 Commelina communis

고위까람과 Eriocaulaceae

고위까람 Eriocaulon sieboldianum

골풀과 Juncaceae Juss

골풀 Juncus decipiena

비녀골풀 Juncus krameri

청비녀골풀 Juncus papillosus

두메꿩의밥풀 Luzula sudetica

꿩의밥풀 Luzula capitata Nak

산꿩의 밥풀 Luzula multiflora

마과 Dioscoreaceae

큰마 Dioscorea tokoro Mak

부채마 Dioscorea nipponica

물옥잠과 Pontederiaceae

물옥잠 Monochoria korsak

청미래덩굴과 Smilaceaeae

선밀나물 Smilax nipponica

청미래덩굴 Smilax china L.

비자루과 Asparagaceae Juss

방울비자루 Asparagus oligoclonus

파과 Allaceae

달래 Allium grayi Rgl

두메부추 Allium senescens

산달래 Allium macrostemon

애기물구지 Sagca hiensis

나리과 Lilaceae Juss

은방울꽃 Convallaria keiskei

얼레지 Frythrenium japonicum

치마풀 Heloniopsis orientalis

원추리 Hemerocallis disticha

솔나리 Lilium cernuum Komar

말나리 Lilium distichum

하늘나리 Lilium concclor

참나리 Lilium lancifolium

큰솔나리 Lilium tenuifolium

하늘말나리 Lilium tsingtanense

두루미꽃 Majanthemum bifolium

큰두루미꽃 Majanthemum dilatatum

삿갓풀 Paris verticillata Bieb

각시둥굴레 Polygonatum humile

퉁둥굴레 Polygonatum inflatun

용둥굴레 Polygonatum involucratum

둥글레 Plygonatum odoratum var pluriflorum

솜대 Smilacino japonica A. Gray

죽대아재비 Streptopus koreans

큰연령초 Trillium camtschatcens

연령초 Trillium tschonoskii Maxim

산박새 Veratrum alpestre

여로 Veratrum japonicum

박새 Veratrum patulum

붓꽃과 Iridaceae

들꽃창포 Iris kamepferi

제비붓꽃 Iris laevigata

각시붓꽃 Iris rossi Bak

타래붓꽃 Iris pallasii

난재미붓꽃 Iris uniflora

난초과 Orchidaceae Juss

은대란 Cephalanthem lengibracteata

작란화 Cypripedium macranthum

천마 Gastordia elata

손바닥란 Gymnadenia conopsea

키다리란 Liparis japonica

감자란 Orecrchis patens

큰제비란 Platanthera sachainensis

방울새란 Pogonia minor

타래란 Spiranthes sinellsis

※ 학명 중 일부 명명자는 편집상 생략한 부분이 있음
※ 전체 820여 종

나선시, 청진시 그리고 칠보산

해칠보

1. 칠보산 답사 준비

필자가 1991년 처음 북한 방문 때 김일성대학 강의와 식물학연구소 강의 요청을 수락하고 대신 백두산 식물 조사를 위한 협조를 북측에 요청했다. 일정이 어렵게 성사되었으나 필자가 바라는 백두산 답사는 백두산 밑에서부터 시작한 것이 아니라 북측 비행기에 의해 백두산 중턱에 있는 삼지연비행장에서부터 정상 장군봉까지 답사가 허용되었다.

7월 중순인데도 삼지연호텔 밖 기온은 초겨울이었다. 백두산 정상은 온도가 더욱 낮아 두꺼운 옷 생각이 절실했고 작업하기가 어려울 정도였다. 골짜기에는 아직 눈이 녹지 않고 있었다. 백두산 밑에서부터 중턱까지의 식물생태를 관찰하지 못한 아쉬움과 한을 풀기 위해 북한에서 백두산을 올라 답사한 후 중국으로 나와 연길로 향해 백두산 북쪽인 장백산의 식물상을 조사하여 보충하기로 했다. 몇 년 후 북한 방문시 금강산, 묘향산, 구월산을 답사할 수 있었다. 그러나 칠보산 답사는 여섯 번이나 시도했으나 필자의 체류 일정과 거리관계, 주머니 사정 등등 여러 가지 난제로 목적을 달성할 수 없었다.

따라서 평양에서 비행기(헬리콥터)로 칠보산 가는 편은 포기하고 다른 노선을 계속 알아보고 있었다. 세월이 23년이 지나 드디어 두만강을 건너가는 외국인을 위한 육로 관광길이 열렸다. 경비도 저렴했다. 때를 놓치지 않고 팔방으로 수소문하여 길을 찾아 2014년 5월 2일 중국 연길 비행장에 도착했다. 연길비행장에는 군사시설도 보였으나 허수아비가 더러 있었다. 조류(새 종류)의 피해를 방지하기 위한 것으로 보여진다.

▲조 · 중 · 러 국경지대

사전연락으로 서울대 사대 생물학과 동기동창 오진태 박사가 마중 나오기로 했는데 보이지 않는다. 다소 당황하여 공항 내를 두리번거리고 있는데 다른 곳을 바라보고 있는 친구를 찾았다. 그는 연변과학기술대 교수로 부산대 교수 정년 후 생물 과학공학과(?)에서 후진 육성을 위한 교육사업에 헌신하고 있는 봉사정신이 투철한 신앙인이며 동시에 저명한 사진작가이기도 하다. 이 친구의 도움으로 세 가지 집필 내용을 구상했다. 첫째 : 간도의 영유권 문제, 둘째 : 조 · 중 국경도시의 발전 현황, 셋째 : 가장 무게를 두고 최대목표인 칠보산의 식물 생태 조사였다.

북한의 5대 명산 중 백두산, 금강산, 묘향산, 구월산까지는 답사한 후 각각 단행본의 저서를 발간했으나 마지막 칠보산 식물 생태 조사가 답보 상태에 있어 답답하기만 하던 나에게 귀한 기회가 와서 내 가슴은 기쁨과 흥분으로 가득 차올라 서둘러 칠보산에 가게 되었고 충분한 답사 관찰을 통해 칠보산의 식물생태를 파악할 수 있게 되었다.

(1) 간도지역 답사

칠보산을 들어가기 전에 약 1주일간 간도에 머물게 되었는데 그동안 친구 오진태 박사 부부의 헌신적인 도움으로 연변 과학기술대를 포함 여러 곳을 답사할 수 있었다. 간도의 소유권에 관한 귀한 자료들도 많이 입수했다. 중국 땅에 도착부터 떠날 때까지 얼마나 많은 도움을 받았는지 그 은혜를 살아생전에 갚아야 하는데 하느님의 부르심이 여유를 주실는지 알 수 없다.

▲두만강 나루터

▲연변 과기대

▲용정리 지명의 기원

▲윤동주 시인 생가

▲일송정

중국에 체류하는 동안 북간도 출생 민족적 저항시인 윤동주 생가, 우리 독립군이 애창하고 지금 우리가 즐겨 노래하는 〈선구자〉에 나오는 일송정과 용정학교, 대성학교, 연길박물관, 북한과 중국이 연결되는 두만강나루터, 조·중 국경지역, 조·러의 국경지역을 방문할 수 있었다. 조·중·러가 접하는 삼국의 땅도 밟아 보았다.

연길 과기대에는 교회가 있어 주일예배를 볼 수 있으나 자국민에게 전도는 안 된다고 한다. 집회 책임도 목사가 따로 없이 교수들이 순번제로 진행한다고 한다. (이는 몰몬교회에서 목사가 없이 감독이나 지부장이 집회를 진행하는 모습과 비슷했다.) 주일예배 후 김진경 연변과학기술대학 총장님의 특별 오찬을 대접받았고 양대언 교수님으로부터는 간도 자료 논문을 받았으며 안병렬 교수님의 저서도 받았고 LA 친구 김옥규 교수, 곽대훈 교수(사대부고 제자)와도 상봉의 기쁨을 누렸다.

숙소는 용정의 성보호텔이었다. 일반적으로 중국인이 그러하듯 중국에 거주하는 한국 분들도 점심, 저녁 초대 식단이 너무 많고 다양해서 필자와 같은 소식가는 부담을 느낄 정도다. 오진태 교수 집과 사모님이 경영하는 훈춘의 카페 근처 식당에서도 포식했다.

(2) 나선시 관광

두만강을 건너면 바로 나선특별시에 들어가게 된다. 나선시 담당 해외동포원호위원회(해동) 직원이 구면인 듯 반갑게 맞이했다. 나선시의 방문지는 필자를 안내하는 구용욱 본부장이 지원하는 병원, 유치원, 외국어학원, 중등학교, 묘목장 등을 찾아가면서 시작되었다.

　서점 안내는 해동에서 나온 백광철 국장과 김우철 지도원이 해 주었다. 어디 가나 그러하듯이 책방 안내를 부탁해서 외국인을 위한 서점과 나선시 최대의 서점을 방문했으나 큰 소득은 못 올리고 한두 권으로 만족하면서 돌아섰다. 중국에서부터 동행한 구 본부장은 통일사업, 어린이 교육사업, 성인의료사업, 푸른 산 만들기 사업 등 대단한 업적을 남겼고 북이 존경하는 재외동포인 듯 보였다. 조국 사랑이 대단한 애국자였고 뒤에서 가족의 정열적인 지원에 감탄하지 않을 수 없었다.

　나진 선봉지역의 방북은 조지아 주 애틀랜타 연합장로교회에서 오신 김순영 장로와 김도정 장로님(LA 박형주 총장님의 사돈이라 함)과 같이 행동할 수 있었다. 이들 교회도 북한을 많이 지원한 것 같다.

　북한에 들어서니 북한 사람들의 생활상이 보인다. 자전거가 많다. 남녀가 많이 이용하고 있으며 인민복 차림도 있으나 다양한 색상의 옷 모습이 과거와 많이 달라지고 있음을 느낄 수 있었다. 도시와 관광지에서 만난 사람들의 건강상태는 양호한 듯 보였고 식량 사정이 다소 호전되었다는 소문이 사실인 듯했다.

　주택은 아파트 형태의 다주택과 같은 사람의 설계로 건축한 단독주택이 주류를 이루고 있다. 나선에서는 오후 2시부터 열리는 장마당(농민 시장)의 실태를 볼 수 있었다. (이 모습을 사진에 담고 싶었으나 안내자가 안 찍는 것이 좋다고 하여 그 뜻을 따른 아쉬움이 남아 있다.)

　나선특별시에는 외국어학원이 있다. 이런 외국어학원은 각 도에 하

▲나선시 유치원 공연팀

나씩 있다고 한다. 이들 학교에서는 영어, 중국어, 러시아어를 가르치

며 입학이 특차여서 경쟁률이 높다 한다. 영어교육은 소학교에서부터

진행된다.

북한의 산은 국립공원이나 명산을 제외하고는 대부분 벌거숭이다.

그러나 이곳 산들을 푸르게 하기 위해 두만강유역 우암산에는 잎갈나

무, 잣나무, 버드나무 등의 묘목을 식수한 곳이 있고 식수하기 위해 묘

판도 가꾸고 있었다. 미주 동포들(구 본부장)의 적극적인 지원이 큰 몫을

담당하고 있었다. 또한 전력을 지원하기 위해 풍차도 4대 설치했다고

한다.

이미 남쪽에서는 피었다 져 버린 개나리, 철쭉꽃이 우리 일행을 반기

고 있었다. 온도 차이에 따라 개화기가 북쪽으로 갈수록 늦어짐을 실감

▲나선시 초등학교 공연단

할 수 있었다.

논에는 땅을 개량하기 위해 몇 곳에 객토를 갖다 놓은 곳이 있고 20여 명의 여인들이 모여 농사일을 하고 있었다(남자들은 거의 없었다). 양을 몰고 다니는 목동도 볼 수 있었다. 북한은 초식동물 사육을 권장한다고 한

◀우암산의 묘목 이식

다. 농사가 기계농이 아니라 소가 쟁기를 끌고 가는 농토갈이를 하고 있었다. 한 사람이 앞에서 소를 끌고 가고 다른 사람이 쟁기 뒤에서 소를 독촉한다. 기계는 있어도 휘발유가 없어서 기계농을 못하는 곳이 있다고 한다.

길을 보수하기 위해 많은 사람들이 동원되고 있으나 아스팔트가 아니어서 차가 요동을 친다. 이 길을 차가 지나가면 자욱한 먼지가 길을 보수하는 사람들의 얼굴을 가린다. 길을 보수하는 사람들은 지나가는 차나 그 속에 있는 사람들을 욕할 것만 같다. 미안하기 그지없다. 나선 시내는 포장이 잘되어 있다. 호텔은 일류다. 그러나 전기 사정이 좋지 않아 초와 성냥이 준비되어 있다. 장식용 꽃은 조화이지만 생화와 똑같이 아름다웠다.

호텔에서 나진항구의 앞바다가 보이는 방은 좀 더 비싸다고 한다. 나는 바닷가에서 자랐기에 단순한 바다보다는 산이 좋아 뒷방을 요구했다. 뒷방에서 보이는 산에는 꿩이 많다. 장끼(수놈)의 울음소리가 아름답다. 까투리(암놈)는 노래를 못한다.

나진항구에 비해 선봉항구는 작다. 나진항구는 정말 요새지다. 수심이 9~12m에 강풍이 불어도 여기서는 풍력을 상실하고 고개를 숙일 자연조건을 갖추고 있다. 러시아의 투자가 활발한 듯하며 중국의 투자가 주춤하고 있다고 한다. 나선시는 평양과 같이 특별시라고 한다. 해동에서 나온 안내자들은 필자의 신원을 파악하고 있는 듯 보였다. 남쪽 학자 중 과학 학술논문 및 책을 제일 많이 집필한 학자로 다른 사람에게 소개

하는 말을 들었다. 그래서 그런지 대우를 잘 받았다.

칠보산 관광은 해동에서 관광국 김광우 국장과 박일범 지도원에게 인계했다. 박일범 지도원은 칠보산 관광 전문가였다. 그들의 적극적인 도움에 칠보산 답사를 무사히 마칠 수 있음에 이 자리를 빌려 감사함을 전하고 싶다.

나선시 호텔 방의 크기는 중국보다는 작지만 일본 방보다는 크다. 나선시는 자유무역항이라 외국인 방문객이 많은 곳이다.

(3) 청진시 등 관광

북한에 건너가서 칠보산 답사 전후에 청진 도청 및 함북 도서관, 함북 혁명사적관, 유치원, 초중고생들의 공연, 교사들의 공연, 주변의 온천시설, 농촌의 모습을 볼 수 있었다.

청진중등학교에서 본 학생들의 공연도 수준급이다. 또한 유치원생이나 초중등학교 학생들의 공연만 보다가 교사들의 공연도 볼 수 있었다. 북한에 와서 화려한 한복을 입고 공연하는 교사들의 공연을 부담 없이 본다는 것은 특별대우를 받은 심정이었다. 완전히 직업 공연단 이상이었다.

함경북도 도서관 앞에서 신혼여행 온 신랑신부와 같이 촬영도 할 수 있는 기회도 얻었다. 신랑의 신장이 일반 북한인에 비해 늘씬했고 신부는 역시 북쪽 여성답게 피부가 아름다웠다. 나는 경성 온천에서 기분 좋게 온천욕을 하고 나오다가 바닥이 너무 미끄러워서인지 뜨거운 온천물

▲해칠보구역 외국인 숙소(민단)

▲외국인 숙소의 살림집

▲청진유치원 공연단

▲청진중학교 교사들의 공연

속으로 넘어져 약간의 부상과 귀에 물이 들어가 몇 시간 고통을 받아야 하는 벌도 받았다. 그러나 다행히 발가벗고 넘어진 나의 모습을 본 사람이 없어서 국제적인 망신은 면하게 되었다.

관광 중 또 하나의 소득은 우리나라 과거 기록에 없는 동해에서 천일염이 생산된다는 사실이다. 동해에서 천일염이 생산된다는 기록이 없었다. 우리나라의 소금 생산은 간만의 차이가 심한 서해에서 천일염이 생산되기 때문에 강원도나 함경도에는 소금이 귀한 것으로 알려지고 있다. 따라서 함경도 지방의 이산가족 상봉시 소금이 선물로 좋다는 말도 있다.

그러나 이번 칠보산 답사의 관광코스에서 함경북도 어랑군 어대진구에 염분 혁명 사적지가 있어 동해 바닷물을 펌프로 올려 염전을 만들어 소금을 생산하는 모습을 관찰할 수 있었다. 또한 나선시로 들어오기 전에 천연기념물 무계호도 관찰할 수 있는 기회를 가졌다.

함경북도 어랑군 무계리에 있는 천연기념물 무계호는 자연호수로서 북동~남서로 길게 이루어져 있으며 면적은 1.8㎢, 둘레는 8.5㎞, 길이는 3㎞, 최대너비는 0.9㎞, 평균너비는 0.7㎞이며 최대수심은 7m, 평균수심은 3.8m이다. 이 일대는 본래 해안에 깊숙하게 이루어진 만이었는데, 제3기 말~제4기 초의 화산활동에 의하여 분출된 현무암이 흘러내려 만 어귀의 거의 대부분 지역을 막아 버리면서 기초성형을 하여 그 이후 어랑천에 의하여 운반된 흙모래가 바다 물결, 즉 연안류에 의하여 만 어귀에 부단히 충적되고 어랑천의 지류로서 현무암지대와 화강암지대의 접촉

부로 흐르고 있던 무계천 하곡의 일부 구역이 함락되어 형성되었다.

호수가 처음 형성되었을 때는 지금보다 길이가 퍽 길었는데, 오랜 세월 강에서 흘러든 흙모래가 쌓이면서 점차 메워져서 지금과 같은 형태로 되었다. 동쪽지역에는 강릉산江陵山, 무재봉(358m)을 비롯하여 해발 300m 안팎의 산들이 솟아 있고 서쪽은 해발 100m 좌우의 야산지대로, 북쪽은 구릉지대 및 충적평야로 되어 있다. 호수의 서쪽 호안은 벼랑으로, 동쪽 호안은 경사지로, 북쪽과 남쪽 호안은 평탄지로 되어 있다. 호수의 기본수원은 무계천의 물이다. 호수의 물은 북쪽 끝에 이루어진 물줄기를 통하여 어랑천에 유입된다. 그러나 물결이 클 때에는 어랑천을 통하여 바닷물이 흘러들기도 한다.

무계호는 주변 일대 농경지의 관개수로 이용된다. 동·식물성 먹이자원이 풍부하므로 담수양어장으로도 이용되고 있는데 호수에는 잉어, 붕어, 화련어, 황어, 뱀장어를 비롯한 물고기들이 많이 번식하고 있다. 무계호의 감탕은 치료용으로 널리 이용한다. 무계호는 풍치가 아름답고 학술적으로 의의가 있으므로 1980년 1월 국가자연보호연맹에 의해 천연기념물(제327호)로 지정되어 보호를 받고 있다.

나선시나 청진시의 유치원, 초등학교, 중고등학교를 방문하면 강단에 모여 몇 사람 안 되는 손님들에게 자기들의 장기자랑을 한다. 모든 공연이 수준급이다.

거리를 걷는 여성들은 모두가 미인이다. 신발은 약간 굽이 낮은 하이힐이다. 교육제도는 낮은 반 유치원 1년, 높은 반 유치원 1년, 소학교 5년,

▲함경북도 도서관 앞 (신혼부부와 함께)

▲함경북도 혁명 사적관 앞

▲어대진 청년 제염소 기념관

▲동해 어대진 제염소

초급중학교 3년, 고급중학교 3년으로 의무교육은 11년이다. (낮은 반 유치원은 의무교육이 아니다.)

북한의 일부 지명과 용어가 많이 달라졌다(과거→현재). 예를 들면 아오지→고권, 주을→온포, 선봉→웅기, 경성→어랑, 임진왜란→임진 조국전쟁, 그리고 식물 이름 앞에 개자가 붙은 식물명은 거의 변했다.

(4) 본문에서 못 다룬 칠보산 정보

칠보산 안내는 관광국에서 두 사람이 나와 있었으나 칠보산에 들어가니 칠보산 전문가가 한 명 더 가세했다. 칠보산에 대한 정보를 얻는 데 만족스러운 안내를 해 주었다. 참으로 박식했다. 길이 험하고 낙석이 많아 위험스러운 곳이건만 안내해 주었다.

다행히 사고 없이 하산하고 보니 하나님이 보살펴 주었다는 감사 감

대모암

사가 연발되었다. 칠보산 생태는 본서 앞장에서 다루었으나 누락된 부분이 있어 보충하고자 한다.

칠보산은 금강산의 축소판이다. 그래서 함경도 금강산이라고 부른 모양이다. 신의 손길이 오묘하게 작용한 것으로 보인다. 칠보산은 기암괴석이 많고 예술을 온 산속에 품은 자연박물관이다. 내칠보로 들어가는 데 나타나는 사리 계곡의 은백양, 내칠보에서 놓치기 쉬운 바위는 도살바위, 학도바위, 버섯바위, 승전탑, 대모암 배바위(유람선바위), 나한봉의 부부바위, 내칠보 입구에 있는 지정명승지 11호, 그리고 이로운 동물 보호구 안내표를 만날 수 있다. 개심사는 발해시대 건축한 우리나라에 남아 있는 유일한 사찰이라고 한다.

외칠보에는 명바위의 이정표 폭포수를 관찰할 수 있는 상덕폭포 정자와 옥류폭포를 볼 수 있는 옥류정자에서 한숨 쉴 수 있는 곳이 마련되어

도사바위와 학도바위

▲버섯바위

▲부부바위

▲승전탑

▲유람선 바위(배바위, 사공바위)

있다.

　사자바위, 횃불바위, 장수굴도 답사해 보자.

　해칠보의 관광에 앞서 해칠보의 약도를 보자. 해칠보의 청색의 맑은
물, 탄금대에서 위를 바라보이는 내칠보의 아름다운 자태, 배를 타고 해
칠보를 관람하는 맛을 보아야 칠보산의 관광미를 느낄 수 있다. 또한 해
칠보 식당에서 나오는 해산물들은 식욕을 돋워 주어 식욕이 많은 필자
는 식후 일어서는 데 고통을 받았다.

　해칠보 관광을 위해 동해 바다로 들어가기 전에 외국인 숙소를 볼 수
있다. 한식집, 서양식 집이 별도로 잘 건축되어 있다. 양식 살림집도 보
고 한식 살림집에 들어가 보니 손님이 없을 때는 그곳에 사는 사람들이

은백양

▲상덕폭포 정각

▲외칠보 암닭바위 이정표

▲사자바위 장군바위 이정표

▲옥계 정자

▲장수굴

▲사자바위

▲햇불암

있었다. 아직 학교를 가지 않은 아이는 혼자서 천진난만하게 잘 놀고 있다. 거실의 벽에는 '장군님 식솔'이라는 글귀와 김일성 김정일 사진과 가족들의 사진이 약간 아래쪽에 걸려 있다. 과거 어느 기록에는 가족사진은 없다고 했는데 달라진 모습인 듯 보인다.

거실 바닥에는 수경 재배를 하는 통이 있었다. 여기서 부식의 일부를 보충하는 듯 보였다. 숙소를 나와 해칠보를 관광하기 위해 작은 엔진이 달린 배에 타서 배분해 주는 구명조끼를 입었다. 구명복을 입고 나니 세월호 참사 생각이 스쳐 지나가서 순간 엄숙해지기도 했다.

해칠보에 있는 무지개바위, 달문바위, 촛대바위, 촉석암 등 모두가 신의 작품이었다.

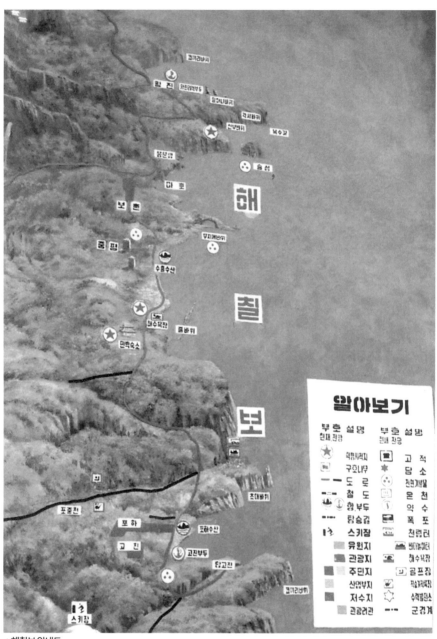

▲해칠보 안내도

▲해칠보 탄금대

▲해칠보 관광

■ 참고 및 인용 문헌

김기현,　　　『식물도감』, 금성청년출판사, 1998

김준민 · 차종환,　　『최신 식물 생태학』, 일진사, 1975

김현삼 외,　『식물원색도감』, 과학백과사전 종합출판사, 1988

남근우,　　「'함북금강' 칠보산의 아름다움을 찾아서」,

　　　　　　『통일한국』, 2003. 12월호

이영노,　　『한국식물도감』, 교학사, 1998

차종환,　　『토양 보관과 관리』, 원예사, 1973

차종환,　　『백두산 장백산 그리고 금강산』, 선진문화사, 1992

차종환,　　『백두산 식물 생태』, 예문당, 1998

차종환,　　Radioecology and Ecophysiology of Desert Plant at Nevada
　　　　　　Test Site, USAEC, 1972

차종환,　　『묘향산 식물 생태』, 예문당, 1999

차종환,　　『금강산 식물 생태』, 예문당, 2000

차종환,　　『구월산 식물 생태』, 예문당, 근간

차종환,　　『한국 비무장지대의 식물 생태』, 예문당, 2000

평양,　　　『조선민주주의인민공화국 안내』, 사회과학출판사, 1992

평양,　　　『맑은 아침의 나라, 근로단체출판사』, 1990

평양,　　　『조선지리전서』, 교육도서출판사, 1988

평양,　　　『조선지리전서』(함북도편), 1990